초3~초5
수학 격차
만드는
결정적 시기

※ 이 책의 사례에 등장하는 아이들의 이름은 개인 정보 보호를 위해 모두 가명으로 처리했고,
　전체 흐름을 왜곡하지 않는 범위에서 일부 내용을 각색했다.

넘볼 수 없는 입시의 차이를 만드는 수학 학습의 골든타임

초3~초5, 수학 격차 만드는 결정적 시기

윤주형 지음

카시오페아
Cassiopeia

3년 동안 키운 수학머리가 입시까지 간다

고등학교 근무 시절, 아이가 초등학교에 입학했다. 그때만 해도 초등수학 교수법에 대해서는 전혀 아는 것이 없었기에 열심히 책도 읽고 정보도 모았다. 그러던 중, 베스트셀러였던 수학 교육 관련 책에서 이런 문구를 발견했다.

초등 때 B 문제집을 풀 수 있는 수준 = 고등수학 2등급
초등 때 A 문제집을 풀 수 있는 수준 = 고등수학 1등급

충격적이었다. 초등 때 푸는 문제집 수준으로 고등수학 실력을 예견할 수 있다는 것이 가능한가 싶다가도, 초등부터 고등까지 여

러 해 아이들을 가르친 분이 쓴 책이니 무시하기 힘들었다. 더 충격적인 사실은 혹시나 하며 내민 B 문제집을 내 아이는 개념 설명도 제대로 이해하지 못했다는 것이다. 그래도 명색이 수학교사니 할 수 있는 건 다 해봐야겠다 싶어 갖가지 방법으로 아이가 어려워하는 부분을 공부시켰다. 동영상 수업을 보여주거나, 아이가 좋아하는 인형으로 동영상을 만들기도 했다. 교구를 구입해서 설명해 보고, 교재도 여러 번 바꿔 보았지만 번번이 실패했다. 아이와 나는 함께 우울해졌다. 좌절하기엔 이르지 않나 싶었지만, 그 구절은 여전히 머릿속을 맴돌았다.

초등 학부모가 되어보니 아이의 미래에 대한 두려움과 답답함은 상당히 컸다. 대한민국의 입시는 정권이 바뀔 때마다 손바닥 뒤집히듯 바뀌는 게 관례였고, 매년 새롭게 떨어지는 교육청의 일방적인 지시는 몇 년 후 중고등학교의 내신 체계를 짐작조차 할 수 없게 만들었다. 그저 만화책이나 좋아하는 내 눈앞의 초등학생 아이는 어떻게 공부라는 걸 시작할지, 고등학교에서 본 최상위권 아이들은 도대체 무엇을 어떻게 해왔는지, 새삼 그 부모들이 존경스러워졌다. 현직 교사임에도 "그저 지금 열심히 몰아붙여 할 수 있을 때 해두라"라는 말이 제일 미덥게 느껴질 정도였으니 말이다.

다행인 점은 내가 고등학교에서 중학교로 근무지를 옮기게 되면서 희미하게나마 그 윤곽을 잡을 수 있었다는 것이다. 교육과정이나 입시정책을 알아서가 아니라, 의도치 않게 매일 '초등학생의 몇 년 후 모습'을 보게 되었기 때문이다. 중학생들은 고맙게도 초등학생의 흔적을 많이 가지고 있었다. 그들 덕분에 나는 수학 공부에 관한 두 가지 중요한 사실을 알게 되었다. 하나는 '수학은 결국 아이 스스로 하는 것'이라는 점이었고, 또 다른 하나는 '초등 때 해야 할 일은 중등에서 스스로 공부할 수 있을 만큼의 수학머리와 습관을 만드는 것'이라는 점이었다. 앞서 언급했던 A·B 문제집을 푸는 것이나, 흔히 말하는 '어릴 때부터 입시까지 수학을 여러 번 반복해서 공부하는 것'이 정도가 아님을 확인한 것이다. 초등 때까지 내적 에너지를 충분히 비축하고, 제대로 수학 공부하는 법을 익히며 습관을 잡아온 아이는 선행을 그리 많이 하지 않았더라도 본인의 의지가 생겼을 때 확실한 스퍼트를 낼 수 있었다. 적어도 '학교 수학'의 범위 내에서는 말이다.

아이가 수학을 잘하기를 바라는 초등 엄마들은 최선을 다해 아이를 뒷바라지한다. 하지만 무작정 애쓴다고 되는 것은 아니다. 아이에게 가장 적절한 시기에 효과적인 방법으로 도움을 주어야 하며, 또 적당한 때가 되어선 조금씩 손을 놓아야 한다. 그리고 아이가 스스로 의지를 끌어 올리는 것이 더해질 때 좋은 결과를 낼 수 있다. 이 책의 주 내용은 마지막 스퍼트를 낼 수 있었던 아이들이 초등 시절에 집중했던 수학머리를 만드는 '과정'과 '습관'에 관한 것이다.

1장은 수학머리를 만드는 시기가 '초등'인 이유에 대해 말한다. 특히 중학생들의 사례와 그들의 과거를 분석하여 초등이 수학머리를 만드는데 결정적 시기임을 확인한다. 또한 초등 때 만들어야 하는 수학머리는 어떤 것으로 구성되는지, 어떻게 아이가 수학 공부를 '해야만 하는 일'로써 받아들이게 할 수 있는지 뇌와 인지발달 그리고 수학 교과의 특성을 기반으로 분석한다. 초등수학을 학원에만 맡기거나 그냥 흘려보내서는 안 되는 이유에 대해 다시 한 번 생각해 보는 계기가 될 것이다.

　2장은 수학을 잘하기 위한 기본원칙 그리고 그 원칙을 지키기 위해 만들어야 할 수학머리의 구성요소에 대해 소개하며, 중등에서 안정된 수학 습관을 가지기 위해 초등 때 완성해야 할 수학 시스템에 관해 설명한다.

　3장~5장은 실전편이다. 엄마가 아이를 코칭할 때 필요한 구체적인 시기별 지침을 수록했다.

　3장에서는 초3 수준에 해당하는, 처음 수학을 대하는 아이들이 보이는 전반적인 특징 및 아이가 수학에 익숙해질 수 있도록 돕는 수학 코치법에 대해 말한다.

　4장은 이제 막 수학의 맛을 알게 된 초4 수준의 아이들 특징과 본격적으로 수학머리를 만드는 방법에 대한 내용을 담았다.

　5장은 초등수학에서 가장 중요한 초5에 관한 내용으로, 엄마 주도에서 서서히 아이 주도로 바뀌는 시기에 어떻게 주도권을 넘겨

주어야 하는지, 어느 정도의 거리를 유지해야 하는지에 대해 설명한다. 이에 더해 중학교 수학과 서술형 문항 대비법을 수록하여 폭넓게 학교 수학을 대비할 수 있도록 한다.

부록에는 수학과 한동안 거리두기를 해왔던 엄마들이 아이의 수학 개념을 점검할 때 참고하면 좋을 내용을 실었다. 엄마가 수학 전교과 내용을 깊이 이해할 필요는 없지만, 아이가 개념을 정확하게 알고 있는지 파악할 정도는 되어야 코치가 가능하기에 개념 점검 기준으로 활용하길 권한다.

이 책을 펼쳐 든 지금 '내 아이 초등수학만은 잘 챙겨주겠다!'라는 결심을 했다면, 어떤 상황이 전개되더라도 반드시 지켜야 한다. 물론 집에서 수학을 직접 봐 주겠다고 야무지게 계획을 짜더라도, 입학하기 어렵고 결과를 잘 낸다는 수학 학원에서 레벨테스트 안내 문자를 받으면 이전의 그 모든 계획은 없던 일이 되어 버릴 수 있다. 날고 긴다는 과외선생님의 연락처를 어렵게 구했더라도 일찍 사춘기를 맞은 아이가 단칼에 거절할 수도 있다. 아이의 수학 공부를 케어하다 보면 엄마의 처음 결심이 뭐였는지 기억조차 나지 않는 이른바 멘탈붕괴가 수시로 찾아온다. 하지만, 잔바람에는 흔들릴지언정 지금의 이 '초심'만은 끝까지 지켜낼 수 있어야 한다. 학원을 보내는 것으로 '이제 됐다' 하고 손 털지 않아야 하며, 아이의 짜증에 휘말려 진심으로 관심을 거두어서는 곤란하다.

왜냐하면 초등까지 아이의 학습 책임자는 그 누구도 아닌 '엄마'임을, 아이도 엄마도 알고 있기 때문이다. 다른 이만 믿고 있다가, 또는 아예 관심을 껐다가 "엄마가 너무 힘든 학원에 보내고 몰아붙여서 내가 수포자가 됐잖아!" 또는 "엄마가 그때 날 잡아줬으면 내가 이 지경은 안 됐을 거야"라는 중학생의 못된 말을 듣는 엄마를 나는 그동안 너무 많이 보았다. 영혼을 갈아 넣고도 배신감에 눈물 쏟는 중등 학부모들이 더는 생기지 않았으면 한다. 수학의 골든타임을 제대로 보낸 덕에 수학 시간이 즐거운 학생들이 학교에 넘쳐났으면 좋겠다. 그리고 귀염둥이 두 아들의 초등 시절을 도우며 바르게 키워나가고 싶다. 교사로서, 엄마로서 가지게 된 이런 소박한 바람들을 담아 서툴게 글을 시작하게 되었다. 이 책을 쓸 수 있도록 마음을 다해 응원해 주신 가족들, 집필에 직·간접적으로 도움을 주신 선생님들, 그리고 집필 기회를 주신 출판사에 진심으로 감사의 인사를 전한다.

2023 봄. 윤주형

1장

초3~초5는 수학머리를 만드는 결정적 시기

2장

수학머리를 만들기 전, 알아둬야 할 것

3장

초등 3학년, 수학 첫걸음 내딛기

4장

초등 4학년, 수학 자신감 채우기

5장

초등 5학년, 수학 자립 시작하기

초3~초5는
수학머리를 만드는
결정적 시기

수학머리를 만드는 데 필요한 2가지, 의지와 학습

✳
✳
✳

초등학생 아이를 둔 학부모이자, 15년 차 중고등 교사로서 가장 많이 했던 생각은 아이 교육에 있어서 누군가 적절한 타이밍, 즉 '업데이트가 필요한 시점'을 알려주면 좋겠다는 것이었다. 학교에서 여러 아이를 만나다 보면 '이 아이가 조금만 어렸어도', '손을 아예 놓지만 않았어도', '초등학생 때까지만 잘 해두었어도' 하는 아쉬움에 마음이 무거울 때가 많다. 이 질문에 대한 답을 찾을 수 있게 된 것은 아이들의 초중고 성장 과정을 한번에 볼 수 있는 내 특수한 환경 덕분이었다. 학생들을 유심히 관찰한 결과, 나는 아이의 수학머리를 위해 부모가 나서야 할 시기가 초등학교 3학년부터 5학년이라는 것과 수학머리가 만들어지는데 반드시 챙겨야 할

두 가지 영역이 있다는 것을 알게 되었다. 우선 첫 번째 영역은 '수학 의지 영역'이다. 이는 수학을 제대로 공부해내기 위해 갖춰야 할 태도 및 마음가짐을 뜻한다. 두 번째 영역은 '수학 학습 영역'으로 수학을 원칙에 따라 효과적으로 공부하는 것을 의미한다. 수학머리가 원활하게 돌아가기 위해서는 초등학생 때부터 이 두 가지 영역이 모두 갖춰져야 한다. 그런 후에야 입시를 준비할 때 노력이 헛되지 않을 정도의 성적을 거둘 수 있다.

수학 성적을 유지하는 의지 영역

고등학교 근무 시절에 만난 현준이는 수학 의지 영역에 문제가 있는 아이였다. 현준이는 어렸을 때부터 영재 소리를 들어왔고, 그 기세를 이어 고등학교 입학 전에 모든 학교 수학을 끝낸 누가 봐도 똑똑한 아이였다. 현준이처럼 선행 학습을 한 아이들이 내내 반짝거리는 눈으로 수업에 참여하고 입시까지 최고의 성적을 냈다면, 분명 나도 내 아이를 위한 선행 학원 정보를 찾아 헤맸을 것이다. 하지만 현준이는 나에게 단순히 진도를 앞서 나가고, 문제 풀이를 많이 했다는 사실이 수학에 대한 의지를 북돋아 주는 것은 아니라는 사실을 알려주었다. 학기 초반만 해도 자신만만하던 현준이는 첫 중간고사를 친 후부터 급격하게 수업 태도가 나빠졌다. 담임 선생님 말에 따르면 중간고사 성적이 생각보다 안 나오자 멘탈이 무너진 것 같다고 했다. 무너진 멘탈과 함께 현준이는 모든 면에서 사세력을 잃었고, 지존심 회복을 위해 1학년 수학 진도와 전혀 상관없는 수능 문제집만 풀었다. 결국 현준이의 2학기 내신 성적표에는 2등급, 3등급이 여러 개 떴고, 의대 지원이 불가능한 내신 성적임을 이유로 자퇴했다. 하지만 그 아이들이 입시를 치른 해와 다음 해에도, 현준이가 의대에 합격했다는 소식은 끝내 듣지 못했다.

현준이는 타고난 재능이 있었기에 조기 선행 교육도 잘 흡수했다. 실제로 현준이의 문제 풀이는 논리적이었고 고등수학에 대해서는 어느 정도 경지에 올라선 상태였다. 하지만 현준이는 수학 의지 영역에 속하는 멘탈 관리에 문제가 있었다. 누구든 살아가면서 예상치 못한 위기 상황은 만나게 마련이다. 아무리 내가 잘해도 나보다 잘하는 사람은 반드시 존재하며, 혹 지금 존재하지 않는다면 곧 생겨날 확률이 높다. 상대평가로 이루어지는 고등학교 내신에서 의지적으로 자신의 멘탈을 관리하지 못하면 원하는 목표를 이룰 수 없는 것은 당연한 일이다.

수학 성적을 만드는 학습 영역

첫 담임을 맡았던 반에서 만난 은지는 수학 학습 영역이 부족한 아이였다. 학습 영역이 부족하다고 하면 공부를 안 했나 생각하기 쉽지만, 은지는 정반대로 '수학 공부만' 하는 아이였다. 은지는 보통 아이들이 좋아하는 그 어떤 것도 하지 않았다. 매점도 가지 않았고, 수다도 떨지 않았으며 화장도 하지 않았다. 말 그대로 화장실 가는 것 외에는 수학 공부하는 데만 시간을 썼다. 분명 수학만큼은 전교 1등의 자세로 공부하고 있었다. 그러나 첫 중간고사의 채점을 하던 오후, 나는 혹시 답안지가 바뀐 것이 아닌지 의심할 수밖에 없었다. 은지의 수학 점수가 당당히 우리 반 3등을 기록하고 있었기 때문이다. 그것도 뒤에서부터. 충격 받고 수학을 놓아버리면 어쩌나 가슴을 졸이며 은지의 눈치를 살폈지만, 걱정은 담임의 몫인 건지 은지는 꿈적하지 않고 계속 그 수학 일상을 이어 갔다. 나는 뭐든 도움을 주고 싶은 마음에 은지가 공부하는 모습을 관찰하기 시작했다. 은지는 수학 공부하는 시간만큼은 한눈을 팔지 않았고, 멍 때리는 시간도 없었으며, 집중 시간도 꽤 길었다. 의지 하나만큼은 누구도 따라갈 수 없는 수준이었다. 그러나 반드시 이유를 찾겠다는 태세로 관찰해 보니, 그 노력이 결과로 이어지지 않은 이유를 알게 되었다. 일단 은지는 자리에 앉으면 수학 문제집과 해설 풀이집을 나란히 폈다. 십여 분간을 열심히 문제와 해설지를 읽고 또 읽은 후에 다음 문제로 넘어갔고, 같은 과정을 반복했다. 그것이 은지의 수학 공부였다. 연습장은 없었고, 풀이를 쓰지도 않았으며, 점수를 매기거나 고치지도 않았다. 그저 읽고 또 읽는 것이 다였다. 교재만 수학 문제집이었을 뿐, 은지는 수학 공부가 아닌 독해 연습을 하고 있었던 것이다. 은지는 첫 시험 후, 방과후 수학 도움반을 신청했다. 수포자가 가득한 그 교실에서만큼은 누가 뭐래도 은지가 엘리트였다. 수학에 아예 손놓은 아이들, 중학교 수학도 잘 모르는 아이들을 모아 둔 교실에서 해설지 독해 방법으로 쌓은 실력이 빛을 발했던 것이다. 슬며시 웃기도 하고 발표도 하며 자신감이 생긴 모습을 보이기에 다른 방법으로 문제 풀기를 권해 보았지만 은지는 혼자서는 힘들다고 했다. 그 이후 기말고사를 포함한 입시까지 은지의 성적에서 눈에 띄는 향상은 없었다.

때가 되어 의지를 가지고 파고 든다 해도 수학 공부 원칙을 모른다면 은지처럼 큰 벽에 부딪칠 수밖에 없다. 만약 은지가 초등 시절에 수학 공부하는 법만이라도 제대로 알고 있었다면, 의지가 생긴 중고등학생 이후에 훨씬 더 나은 결과를 낼 수 있었을 것이다.

현준이와 은지는 수학머리의 구성요소 중 한 가지에만 집중했기 때문에 제대로 결실을 맺지 못한 대표적인 예이다. 특히 자아정체성이 성립된, 어른에 가까워지는 중고등시기에는 굳어버린 생각과 공부 습관을 바꾸기 상당히 어렵다. 그런 이유로 신체적, 정신적 변화를 만들 수 있는 초등학교 3학년부터 5학년은 그 어느 시기보다 중요하며, 이 시기에 충분한 시행착오를 거쳐 수학 의지 영역과 수학 학습 영역을 챙기는 것이 바로 수학 코치의 핵심이다.

의지와 학습을 잡기 위해 엄마가 할 수 있는 일

수학머리를 키우기 위한 엄마의 역할은 페이스메이커나 교사가 아닌 '코치'다. 엄마가 무리해서 입시 수학까지 다시 공부해가며 아이와 함께 끝까지 달려야 할 이유는 전혀 없다. 엄마는 그저 아이가 뛰는 입시라는 레이스 중간중간에서 물수건을 건네며 앞으로 갈 길이 얼마나 남았는지, 지금 어떤 페이스로 달리면 되는지 이야기해 주면 된다. 가끔 아이가 너무 버거워할 때면 코스를 바꾸어 체력을 아낄 수 있게 조언하는 정도면 충분하다.

수학교사가 직업인 엄마도 자녀에게는 교사가 될 수 없었다. 수학을 가르칠 수 있다는 능력과는 별개로 눈앞의 아이는 내가 알고 있는 것은 모두 가르쳐 주고 싶은, 그리고 그것을 모두 흡수해 주기를 기대하는 내 아이이기 때문이다. 물론 초등 아이를 충분히 기다려 줄 수 있을 만큼 선천적으로 인내심 많은 성격을 지녔거나, 단계에 맞게 가르치는 방법까지 공부하겠다고 하면 자녀를 직접 가르치는 것이 큰 무리는 아닐 것이다. 하지만 6번 틀린 문제를 잡고 7번째 같은 설명을 하면서 평정심을 유지하려고 노력하는 것 보다는, 웃으면서 친절하게 설명해 주는 인터넷 강의를 7번 재생시켜주는 것이 훨씬 더 에너지를 아낄 수 있는 일임은 분명하다. 더군다나 그런 코치의 역할을 성실히 할 수 있는 것도 초등 때 뿐이다. 중학생이 된 아이에게는 그저 한 걸음 떨어져서 믿어주는, 진심 어린 '팬'의 역할을 하는 엄마가 필요하니 말이다.

수학 의지 영역 이해하기 1 :
수학이 재미있는 아이는 없다

*
**
***

매일 출근길이 행복한 사람이 있을까. 좋아하는 일을 직업으로 가진 행운아도 출근을 한다는 이유만으로 매일 콧노래를 부르지는 못할 것이다. 직업이라는 것은 강제성과 구속성이 있으니 말이다. 하지만 대부분 평범한 사람들은 그리 즐겁지 않더라도 해야 할 일이기에 그저 해내며 산다. 또 그렇게 하다 보면 성과도 내고 인정도 받고, 무엇보다 안정적으로 생활 유지도 할 수 있게 된다. 즉, 일의 시작과 진행 과정이 행복해서 미칠 지경은 아니지만, 하다 보면 느끼는 행복도 있다는 것이다. 수학 공부도 이와 다르지 않다.

부모의 잔소리 없이 아이가 스스로 꾸준히 수학 공부를 하고, 때가 되면 선두에 섰으면 하는 바람. 이 책을 펼친 주된 이유일 것이다. 그 바람이 현실이 되기 위한 시작은 생각보다 간단하다. 바로 아이의 직업을 '수학 공부하는 사람'으로 만드는 것이다. (특이한 소수를 제외하고)수학 공부가 재미있다고 하는 아이는 없다. 즐겁지 않지만 해야 하는 것이라면 직업으로 만드는 것 외에는 방법이 없다. 아이가 초등 때부터 수학 공부하는 것을 당연한 일로 여겨 꾸준히 하다 보면, 잘하는 것도 생기고 우쭐해지기도 하며, 재미있다는 생각이 들기도 한다. 즉, 수학 공부가 죽을 만큼 힘든 활동이 될 확률이 현저히 줄어든다는 뜻이다. 그 정도는 되어야 추후 입시 준비 과정에서 덤벼들 만해진다. 모호하기 짝이 없는 수학 공부가 본인의 직업으로 자리 잡지 않는다면 할 때마다 무수한 잔소리와 회유, 보상이 필요할 수밖에 없다. 아니 그럼에도 불구하고 실패의 가능성이 높다. 아래는 현장에서 본 그 실패 사례들이다.

수학이 수단이 된 아이들

중3 기말고사 채점 중 생긴 일이다. 답안지에 학생이 쓴 것이라고는 믿을 수 없는 단어가 줄줄이 적혀 있었다. 그것도 아주 크고 또박또박하게. '신발! 엄마 없네! 강정 먹어(순화시킨 표현이다).' 중학생들이 비속어나 욕을 쓰는 일은 많다. 하지만 이건 다른 상황이었다. 선생님이 꼭 읽었으면 하는 의도로 써 둔 것이니 말이다. 처음에는 당황했으나, 시험지의 주인이 누군지 알게 되니 배신감이 쓰나미처럼 몰려왔다. 친근하게 구는 편은 아니지만, 수업시간 태도도 좋고 수학도 열심히 하는 동훈이였기 때문이다. 벌렁대는 심장을 가라앉힌 후, 동훈이를 불렀다.

"너 이게 무슨 짓이야. 나 읽으라고 써둔 거니? 내가 너한테 뭐 잘못한 거 있어?"

"아, 그냥 너무 어려워서…"

"어려운데 왜 시험지에 욕을 써?"

"죄송합니다."

"도저히 네 행동이 이해가 안가서 그래. 왜 그런 거야?"

"사실 저희 아빠는 어릴 때부터 공부 못하면 사람 취급을 안 했어요. 지훈이(동생)는 수학 못한다고 인생 포기하라고 하고요. 저번 수학 시험 점수가 많이 떨어졌는데, 이번에도 90점 못 넘으면 쫓겨날 각오하래요. 근데 너무 어렵잖아요. 안 풀리는 게 많아서 화가 났어요."

어렵게 고해성사를 하는 동훈이를 다그치는 건 의미가 없다는 생각이 들었다. 부모에게 상처받은 아이에게 '너만 나쁘다'라고 할 수 없으니 말이다. 하지만 답안지에 욕을 쓴 건 명백한 잘못이니, 한 달간 점심시간마다 교무실에서 수학 문제집 한 페이지씩 푸는 것으로 벌을 대신했다.

동훈이는 집에서 촉망받는 아이였다. 두 살 터울 동생은 성적으로 동훈이를 따라가지 못했기에, 초등 때부터 공부에 관한 기대는 온통 동훈이에게 쏠렸다. 게다가 아버지의 사랑을 받는 기준이 수학 성적이다 보니, 어릴 때부터 동훈이의 수학 공부 목적은 오로지 부모님에게 미움 받지 않기 위한 것이었다. 물론 초등 때는 아버지의 인정을 받는 것이 그리 어렵지 않았을테니 즐거운 마음으로 공부했을 것이다. 하지만 내신성적 최상위를 유지하는 것이 쉽지 않은 중3이 되자 협박에 가까워진 아버지의 압박이 버거워진 것이다. 시험을 망치면 제일 속상한 건 본인일텐데, 속상할 겨를도 없이 집에서 쫓겨날 걱정을 했다는 사실은 동훈이의 수학 공부 주도권이 아버지에게 있다는 것을 보여준다. 본인의 주도권을 주장하는 흔한 사춘기 아이들과 다르게 욕설을 시험지에 끄적인 것은 어쩌면, 동훈이의 상황에서 할 수 있는 유일한 반항이 아니었을까. 멀쩡한 아이가 욕설을 시험지에 적어내는 아이로 변한 것이 부모의 사랑 때문이라는 사실을 그 부모는 인정할 수 있을까. 비슷한 사례를 하나 더 살펴보자.

중1 교실에서 만난 재성이의 첫 인상은 참 좋았다. 수업시간 내내 싱글거리는 얼굴로 크게 대답하며 수업 분위기를 긍정적으로 만들어 주었기 때문이다. 재성이는 1학기 내내 수학 유망주였다. 그런데 2학기가 되자 재성이가 다른 학생들과 함께 교무실에 나타나기 시작했다. 그 무리가 가는 곳은 주로 학생부 선생님 자리였다. '비행아이들 무리에 휩쓸린 건가' 생각했지만 상황은 생각보다 심각했다. 거의 매일 교무실과 학생부실에 출근하는 듯싶더니 수업시산 태도도 급변했다. 수업 중 간단한 테스트를 할 때였다. 재성이는 시작부터 시험지를 깔고 엎드려 잠을 청했다.

"재성아, 이거 너 다 아는 거잖아. 얼른 하자."

"아…"

비스듬히 앉아 몇 글자 끼적이더니 그대로 다시 엎드려 잤다. 결과는 7점이었다. 나는 교무실에 재성이를 불렀다.

"재성아, 너 왜 그러는 거야?"

"귀찮아서요."

"뭐가 귀찮아? 너 곧잘 했잖아. 다 알면서 안 하는 건 무슨 일일까."

"초등학교 때까지는 수학만 잘하면 뭐든 패스였는데, 중학교 오니까 뭐라고 그러잖아요. 내 맘대로 살지도 못하는데 귀찮게 왜 해요."

초등학생 재성이에게 수학은 '프리패스권'이었다. 재성이가 전학 오기 전 살았던 동네의 분위기는 교육적으로 썩 좋지 않은 편이었다. 학교에서 난동을 피우고 후배들을 괴롭히는 일 정도는 크게 주목받을 만한 일도 아니었다. 게다가 재성이는 공부라고는 하지 않는 아이들에 비해 수학 시험에서만큼은 좋은 성적을 받았기에, 같은 사고를 치더라도 "넌 공부도 잘하는 놈이!"로 시작되어 "다시는 그러지 말자, 응?"으로 조용히 끝났던 것이다. 본인이 생각해도 썩 좋지 않은 행동이 용서되었으니 수학은 누가 뭐래도 본인만의 프리패스권일 수밖에 없었다. 그런 특권을 맛보기 위해서라도 재성이는 수학 성적만은 유지하려고 나름 애를 썼을 것이다. 중학교 첫 수학 시간에 누구보다 열정적으로 참여했던 걸 떠올려 보면 말이다. 그러나 중학교에서는 그 프리패스가 통하지 않는다는 걸 깨달은 순간, 수학은 그저 쓸모없고 귀찮은 것이 되어버렸다.

학부모들은 그 어떤 과목보다 수학 성적에 민감하다. 특히 중고등 학부모들은 아이들의 수학 성적이 떨어지면 지구가 멸망하기라도 한 듯 크게 낙심하기도 한다. 어떤 형태로든 수학 성적이 입시에서 큰 비중을 차지하고 있기 때문일 것이다. 하지만 정말 수학을 잘하길 바란다면, 초등부터 수학 공부가 다른 것의 수단이 되어서는 곤란하다. 부모의 인정을 받기 위한, 잘못한 행동을 무마하기 위한 수학 점수는 결코 오래 유지될 수 없다.

수학, 직업이 되다

이제는 그 반대의 사례를 살펴보자. 중학교 3학년 담임을 맡은 해, 우리 반에는 내 딸이었으면 좋겠다는 생각이 들 정도의 참한 아이가 있었다. 유림이였다. 미술에 뛰어난 재능을 가졌고, 대부분의 과목에서 상위권이었으며, 인성 또한 입 댈 곳이 없었다. 유림이는 예술고등학교 준비생임에도 불구하고 수학에서 성취 수준 A를 받았다.

"유림아, 너 미술만 잘하면 되는 거 아니었어? 실기학원 가기도 바쁠텐데 왜 수학 공부까지 열심히 해?"

"학생이니까. 수학은 원래 해야 하는 거잖아."

주위 친구들의 질문에 어린 유림이가 '수학은 원래 해야 하는 거잖아'라는 대답을 했다는 사실이 대견하게 느껴져 학부모 상담 때 그 이야기를 전했다. 그러자 유림이 어머니는 뿌듯하게 말했다.

"아, 제가 유림이 학교 들어갈 때부터 항상 그렇게 이야기했어요. 진로를 어떻게 정하든 학생의 본분은 공부이고, 특히 수학은 소홀히 하면 안 되는 부분이라고요."

유림이 어머니는 유림이 입시에 큰 그림을 그리고 있었다. 어릴 때부터 다재다능한 유림이를 보며 어떤 면이든 크게 키울 수 있을 거라 생각 했으며, 입시학원에서 오래 일한 노하우로 유림이가 어떤 진로를 정하든 상위권 대학을 가려면 수학 점수가 뒷받침되어야 한다는 사실을 알고 있었다. 유림이에게 '뭘 하든 수학은 절대 놓아서는 안 되는 것'임을 알려준 이유였다. 많은 시간을 미술에 쏟으면서도 수학을 놓지 않기 위해 필요한 것은 '수학은 학생의 본분'이라는 명분이었다. 그렇게 하면 무리 없이 입시를 해낼 수 있다는 것을 알고 있었기에 유림이를 큰 그림에 맞춰 키울 수 있었던 것이다. 사실 예술고 입시에서는 중학교 수학 성적이 크게 영향을 미치지 않는다. 하지만 유림이는 수학 교과 우수상을 받을 만큼 수학 공부를 열심히 했다. 졸업 후 찾아온 유림이는 고등학교에서도 우수한 성적을 유지하고 있다고 했고, 모든 성적이 우수하니 서울대를 준비하는 건 어떠냐는 내 말에 수줍게 웃었다. 안 그래도 목표를 그렇게 잡고 준비하는 중이라고 덧붙이며 말이다.

수학은 그저 '학생이니 해야 하는 것', '하다 보니 가끔 재미도 있는 것'이어야 한다. 그래야 사춘기가 되어 본인 의지로 공부하는 것이 가능해진다. 아이들은 끝까지 당근을 쫓아가거나, 고삐를 쥐인 채 끌려가지 않으며, 설사 그렇게 입시에 성공한다 해도 결국은 이후의 삶을 정상적으로 살아내지 못한다. 본인이 삶의 주인으로 살게 만들어진 인간의 본성 때문이다.

그렇다면 어떻게 해야 아이가 수학을 자신의 업으로 받아들일 수 있게 될까? 간단하다. 어릴 때부터 본인이 해야 할 수학 공부를 '당연한 것'으로 인식하게 하고 격려하면 된다. 특히 초등학교 3학년부터 초등학교 5학년은 그 최적기이다. 3학년은 연산이 전부였던 이전 수학과 달리, 진짜 수학이라 할만한 것을 배우기 시작하는 때이며, 5학년은 중등수학의 기초가 되는 초등수학을 종합적으로 학습해야 하는 때이기 때문이다. 또한 사춘기가 시작되기 전이기에 아이의 생각과 가치관, 행동 기준이 만들어 질 수 있다는 큰 이점이 있다.

아니 땐 굴뚝에 연기 나지 않는다. 아무것도 하지 않고 아이가 저절로 잘 크기를 바라는 것은 욕심이다. '아이가 수학에서만큼은 고민이 없으면 좋겠다'고 생각한다면, 아이를 맡길 수학 학원을 찾는 노력의 반이라도 수학이 아이의 업이 될 수 있도록 도와야 한다.

수학 의지 영역 이해하기 2 :
수학은 아이에게 좌절감을 준다

✳
✳
✳

수학 공부를 잘하기 위해 꼭 필요한 덕목을 꼽아보라면 어떤 것이 떠오르는가. 민첩성? 끈기? 상황 파악력? 맞는 말이다. 하지만 그보다 중요한 것은 바로 '자기조절 능력'이다. 자기조절 능력이란, 자기 통제력과 정서조절 능력을 통합해 이르는 말이다. 자기 통제력은 자신이 하고 싶은 행위가 있더라도 즉각적으로 행동하지 않고 자신의 행동을 스스로 통제하는 걸 뜻한다. 정서조절 능력은 상황에 알맞게 자신의 감정을 나타내는 걸 뜻한다. 그렇다면 이 자기조절 능력과 수학 공부는 어떻게 연관이 되는 것일까? 두 가지 사례를 통해 살펴보자.

좌절감을 이기지 못하는 아이

중1 교실에서 처음 만난 호진이는 수학에 열정이 많은 아이였다. 수업이 끝날 때마다 교과서 해답지와 다른 자신만의 풀이를 내게 보여주며 칭찬을 기대했다. 중1 교실에서 그렇게까지 수학문제 풀이에 열정적인 아이는 보기 힘든 것이 사실이다. 처음에는 기특하다 여기고 매번 칭찬해 주었지만, 시간이 지날수록 그 생각은 조금씩 달라졌다. 모둠으로 진행되는 수행평가 시간이었다. 각 모둠에는 잘하는 아이와 못하는 아이가 섞여 있기에 모둠 평가에서는 비슷하게 점수를 준다. 그리고 이 사실은 아이들도 알고 있는 사항이라 별 부담 없이 평가에 응하는 편이다. 하지만 호진이는 그조차도 견딜 수 없어 했다. 자신의 모둠에 있는 수포자 친구가 모둠 점수에 안 좋은 영향을 미칠 것이라 판단되자, 동의도 없이 그 친구가 해야 할 과제를 대신해서 제출했다. 아무리 수학을 잘한다고 해도 매시간 선생님 몰래 2명분의 과제를 해내는 것이 그리 쉬운 일은 아니었을 것이다. 반복되는 과제가 힘들어진 호진이는 억울하다는 생각이 들었는지 그 친구에게 대놓고 투덜대기 시작했다. 과제를 해달라고 한 것도 아닌데 괜히 욕을 먹은 친구와 호진이의 갈등은 큰 싸움으로 이어졌고, 급기야 호진이는 아이들이 다 보고 있는 앞에서 "쟤 때문에 제 성적이 다 깎였으니 억울해요! 모둠 바꿔 주세요!"라며 크게 소리쳤다. 그 소동이 있은 후, 친구들은 호진이에게 조금씩 거리를 두기 시작했다. 3학년이 되자, 호진이는 친구들뿐 아니라 선생님들과의 관계도 순조롭지 않은 지경에 이르렀다. 수업시간에는 흐름이 끊길 정도로 큰 소리로 잘난 척을 했고, 성적에 조금이라도 손해가 갈까 안절부절하며 선생님들의 진을 빼놓았기 때문이다. 또한 중간·기말고사를 포함한 모든 수행평가가 끝남과 동시에 본인이 틀린 문제에 대한 이의를 제기하며 문제 자체에 오류가 있음을 밝혀내려 했다. 호진이는 반드시 본인이 써낸 답이 맞다는 인정을 받아야 했고, 정답이 명확한 수학마저도 시간 분배가 공평하지 않다는 식의 이의를 제기했다. 본인도 피곤할 만큼의 '항상 1등이어야 한다'는 강박 때문인지 호진이의 성적은 점점 하락세를 보였고, 1학년 때부터 입버릇처럼 가고 싶다던 영재학교의 원서접수 기간이 되었을 때는 접수조차 하기 부끄러운 성적을 받게 되었다.

좌절감을 이기는 아이

같은 해, 유연이도 호진이만큼 똑똑하다고 소문이 난 아이였다. 같은 초등학교를 졸업한 친구들은 수학 시간만 되면 "선생님, 유연이 시켜보세요. 쟤는 모르는 게 없어요!"라고 말하기 일쑤였다. 그럴 만한 것이 유연이는 수학적 감각이 뛰어났다. 수학 동아리 시간에도 다른 친구보다 2배 이상 빠른 손놀림으로 수학 퍼즐을 완성하고 스도쿠의 빈칸을 채워 친구들의 부러움을 샀다. 하지만 유연이는 호진이와 조금 다른 결의 아이였다. 유연이는 모둠 활동을 진행할 때면, 초능수학까지 연계해가며 성심성의껏 수학을 포기한 친구들을 도왔다. 친절한 설명에 감동받은 친구들은 유연이의 옆자리에 앉기 위해 가위바위보까지 하며 경쟁을 하기도 했다. 언젠가 수업시간에 생각해 보라며 심화 문제를 제시한 적이 있었다. 한눈에도 어려워 보이는 문제에 아이들은 당연히 유연이의 이름을 불러댔고, 유연이는 자신감 있는 표정으로 칠판 앞에 나와 문제를 풀었다.

"선생님, 우리 유연이 맞았죠?"

"당연한 거 아냐? 우리 유연인데!"

"아니야, 유연이가 다 잘했는데 이걸 하나 놓쳤네?"

아이들의 바람과 달리 한 가지 힌트를 놓치는 바람에 문제를 틀리고 말았다. 순간 유연이의 얼굴이 벌개졌다. 입꼬리마저 꿈틀거리는 걸 보니 상당히 자존심이 상했던 것 같다. 유연이를 따로 불러 위로라도 해야 하나 잠시 생각했으나, 일단 두고 보기로 했다. 그날 점심시간, 누군가 쭈뼛쭈뼛 교무실 입구에서 나를 찾고 있었다. 유연이었다. 손에는 아까 그 문제를 다시 푼 노트가 들려 있었다. 유연이는 본인의 확고한 꿈이 있어 특목고를 지원하지는 않았지만, 여느 특목고 준비생들보다 훨씬 높은 성적으로 졸업했다. 특히 수학은 중학교 3년 내내 탑이었다.

자기조절 능력이 곧 수학 성적과 연결된다

앞의 사례를 통해 확인할 수 있는 두 학생 간의 가장 큰 차이점은 '좌절 상황에서 자기조절 능력을 발휘할 수 있는가'이다. 호진이는 어릴 때부터 수학 재능이 있는 아이였기에 초등 시절 내내 집에서 '너는 천재야', '너는 반드시 영재학교를 가야 해'라는 기대 섞인 주문을 받았다. 하지만 학년이 올라갈수록 부모님의 기대와 실제 성적은 점점 차이를 보이기 시작했다. 물론 호진이가 열심히 하지 않은 것은 아니다. 문제는 '나는 천재'라는 고정관념에 사로잡혀 자신이 틀릴 수도 있다는 사실을 받아들이지 못한 것이다. 빠르고 정확한 풀이 방법을 찾는 대신 자신만의 풀이를 감상하는 것으로 자기만족을 하고 있었으니, 시간을 다투는 내신 시험에서 원하는 결과를 얻을 수 없는 것은 당연한 일이었다. 친구들과 관계가 나빠져도, 선생님들이 불쾌한 표정을 지어도 그것을 무시할 수밖에 없었던 이유 또한 그렇게 하지 않으면 본인이 틀린 것을 인정하는 꼴이었기 때문이다. 오류를 인정하는 것이 발전의 시작이라는 것을 모르니 추락은 어쩌면 당연한 결과였는지 모른다.

그렇다면 유연이는 어땠을까. 일단 수학적 감각은 있으나 천재 수준은 아니었다. 내게 개인적으로 질문한 문제들이 그저 약간 꼬아서 만들어진 바로 위 학년의 문제였기 때문이다. 하지만 그렇다고 해서 다른 아이들과 똑같은 것도 아니었다. 수도 없이 고민하고 생각했지만 결국 틀려버린 자신의 풀이에 대해 오류를 찾으려 하고 도움을 청한다는 점에서 그렇다. 호진이와 비교하여 결정적인 차이점을 찾는다면, 바로 실패를 마주했을 때의 마음가짐이다. 호진이는 자신이 맞는 것만 보았고, 유연이는 자신이 틀린 것을 바로잡았다. 무엇보다 유연이가 좌절을 맞이할 때마다 유연이의 부모님은 부담스러운 기대보다는 전폭적인 믿음을 주었다. 마냥 "네가 다 옳아"가 아닌, "틀려도 괜찮아", "너니까 할 수 있어"라고 응원했다. 호진이는 중학생이 되어서도 여전히 여린 살을 가진 아이였지만, 유연이는 이미 여러 번의 충격을 받고 방어를 하며 굳은살이 만들어진 아이였다. 비슷한 상황에서 본인의 감정을 조절하며 극복하는 과정이 자연스러운 것을 보면 알 수 있는 대목이다. 그리고 그것이 초등수학 능력은 비슷했을지 몰라도 학년이 올라가면서 점점 차이가 벌어질 수밖에 없던 결정적 이유다.

어떤 분야든 잘하는 것은 중요하다. 그리고 그를 위해 우선시 해야 할 것은 '실패를 잘 이겨내는 것'이다. 갓난 아기를 생각해 보자. 아기의 살은 약하기 그지없어서 아주 조그만 충격에도 크게 상처를 입는다. 그러나 크고 작은 충격을 반복적으로 받다 보면 굳은살이 생기고, 굳은살이 생긴 부분은 왠만한 충격도 별 것 아닌 것으로 느낄 만큼 방어력이 생긴다. 좌절을 해 본 경험이 없다면, 그 상황이 낯설 수밖에 없다. 굳은살이 생길 기회가 없었으니 충격을 받을 때마다 아픈 것이 당연하다. 하지만 이미 굳은살이 박힌 아이는 같은 충격도 가볍게 넘길 수 있다.

자기조절 능력 키우기

수학 공부를 할 때 본인의 감정을 잘 다루는 태도는 중요하다. 매 문제마다 맞고 틀리고가 확연하게 보이는 수학은 다른 분야보다 아이들이 특히 좌절감을 느끼기 쉽다. 때문에 꾸준하고 흔들림 없이 수학 공부를 해 나가기 위해서는 자기조절 능력을 키우는 것이 필수다. 문제를 틀린 것도 화가 나는데 다른 아이들과 비교되기까지 한다면 열등감은 깊어질 수밖에 없고, 이해되지 않은 설명을 알아듣는 척하고 있으려면 자괴감이 쌓일 수밖에 없다. 그렇게 쌓인 부정적인 감정과 수학의 어려움은 함께 시너지 효과를 내어 결국 수포자의 길을 걷게 될 가능성을 높인다. 앞선 예에서 보았듯, 중학생은 이미 자기조절 능력이 좋든 아니든 완성이 된 상태이다. 내 아이가 극히 보통의, 좌절 상황을 견디는 게 힘겨운 아이라면, 아이가 중학생이 되기 이전의 시기에 의도적으로 자기조절 능력을 키워주기 위해 노력해야 한다. 처음 수학을 만나는 초3~초5는 그 조절 능력을 키우기 적기이다. 마음과 뇌가 말랑말랑하여 부모의 도움이 잘 흡수되며, 조절 능력의 70%가 완성되는 시기이기 때문이다. 하지만 이제 막 수학을 처음 접한 초등학생들을 살펴보면, 문제를 풀다가 틀렸을 때의 반응은 대부분 비슷하다. 분노 어린 지우개질을 해대며 자책하고, 짜증을 낸다. 다시 풀어보라고 하면 "왜 그래야 하냐"라며 따지거나 우는 아이도 있다. 아이들은 자신의 능력이 부정당하는 것처럼 느껴지는 이 상황을 인정하기 싫어한다. 항상 잘한다는 칭찬만 들어왔는데 문제집의 빨간 소나기는 그게 아니라는 걸 증명하고 있으니 열등감마저 든다. 사실 이런 장면을 보고 있는 부모는 화가 난다. 문제 하나 틀리는 게 뭐라고 이렇게까지 반응할까 싶기도 하고, 아이의 짜증에 더 짜증이 나기도 한다. 도대체 어떻게 해야 아이의 자기조절 능력을 키워줄 수 있을까.

가장 먼저 해야 할 일은 일단 감정적으로 몇 발짝 떨어지는 것이다. 마음의 거리를 두는 것이 힘들다면 물리적으로라도 거리를 두어야 한다. 부모의 감정이 더는 아이에게 휘둘리지 않을 때가 되었다 싶으면 아이의 곁으로 간다. 그리고 모든 육아가 그렇듯 아이의 감정은 인정하되, 잘못된 행동은 고쳐주면 된다. 더불어 공식처럼 아이를 믿고 있다는 응원을 반드시 덧붙여준다.

"틀려서 속상하지? 엄마도 처음엔 그랬어. 근데 여러 번 지나고 나니 괜찮아지더라. 수학은 원래 틀려야 제맛이거든. 하지만 지금은 속상해서 눈물이 나니까 엄마가 기다려 줄게. 좀 괜찮아지면 같이 해보자. 우리 ○○이 결국은 해낼 거 엄마는 알아."

"하기 싫은 게 당연해. ○○이 마음 잘 알지. 근데 엄마도 맨날 밥하는 거 너무 싫은데, 우리 ○○이 잘 먹는 게 엄마의 일이니까 하는 거야. 그런데 엄마가 밥하기 싫다고 밥주걱을 던지고 그릇을 깨면 안되겠지? 너도 문제집 구기고 던지고 하면 안 돼. 기다릴 테니 네 마음이 조금 괜찮아지면 이야기해 줘. 우리 ○○이 잘할 거 엄마는 믿어."

인지 심리학자 김경일 교수는 "타인의 감정이 무엇인지 콕 짚어 주는 행동만으로도 그 감정에 휩쓸리지 않는 효과가 있다[1]"고 말했다. 위의 예시처럼 아이의 감정을 콕 짚어 주면 아이와 내 감정이 분리될 수 있고, 아이 또한 자신의 감정이 무엇인지 실체를 아는 것만으로도 그 감정에 매몰되지 않을 수 있다. 그렇게 마음을 읽어주고 공감하면 아이는 움직인다. 실천해 본 부모라면 공감하는 육아의 진리다. 감정은 옳고 그름이 없기에 수학에서 만들어지는 열등감이 나쁜 것만은 아니다. 어떻게 다루느냐에 따라 아이는 크게 발전할 수도 있고, 더 나빠지기도 한다. 만약 아이가 그 상황을 너무 힘들어 한다면 제 학년보다 낮은 학년의 수학 문제집을 풀게 하는 방향으로 좌절의 빈도를 줄여 극복하는 경험을 해야 한다.

---

1   유튜브 채널 '소확성', 〈화를 다스리는 법〉 (2019. 04. 24), https://youtu.be/eDNTuDBqHSY

수학 의지 영역 이해하기 3
수학 의지를 불어넣는 최적의 시기,
초3~초5

＊
＊
＊

수학 의지 영역을 발달시키기 위해선 아이가 수학을 자신의 업으로 받아들이고, 자기조절 능력을 키우도록 돕는 것이라고 앞서 이야기했다. 그러나 그 모든 것이 만들어졌더라도 입시 수학에서 가장 크게 작용하는 힘은 '아이 스스로 수학을 하려고 하는 마음'이다. 따라서 초등 시절에 아이의 특성에 맞게 도움을 주어 수학 의지를 키워 가는 것이 무엇보다 중요하다.

수학 의지를 무너뜨리는 부모의 모습
중1 공개수업 날이었다. 개념 설명을 한 후 아이들에게 간단한 문제를 풀어보는 시간을 주었다. 아이들의 풀이를 살펴며 분주하게 교실을 순회하고 있을 때, 갑자기 뒤에 서 계시던 어머니 한 분이 교탁 앞까지 걸어 나왔다. 갑작스러운 행동에 교실에 있던 사람들의 시선이 그 어머니에게 향했다. 무슨 일이 있나 싶어 나도 그쪽으로 발길을 돌리려던 차, 어머니가 시현이의 책상 앞에 멈췄다. 어머니는 몸을 숙여 시현이에게 무엇인가 이야기 했다. 친구들의 시선에 시현이는 얼굴이 벌개진 채였다. 시현이가 끄덕거리는 걸 확인한 후에야 어머니는 다시 뒤편으로 돌아갔다. 당황스럽긴 했지만 한눈에도 집에서 어머니가 그렇게 공부시키고 있는 아이라는 걸 알 수 있었다. 시현이는 수업에 집중을 잘하는 아이가 아니었다. 언뜻 보면 설명을 잘 듣는 것 같지만, 정작 질문을 하거나 문제를 풀라고 하면 전혀 다른 이야기를 하는 경우가 많았다. 딴 생각을 하는 것이 습관이 된 듯했다. 시현이의 어머니는 학교 수업시간마저 딴 생각을 하고 있는 시현이가 답답한 나머지 민망함을 무릅쓰고 아이에게 간 것이었다. 시현이의 단원평가 결과는 평균에서 약간 밑도는 정도로, 어머니가 챙기고 계시니 그나마 하고 있는 듯했다.

2년 후, 다시 만난 시현이는 다른 아이가 되어있었다. 수업시간 내내 엎드려 있는 것은 기본이며 간단한 과제도 제출하지 않았다. 당연히 수행평가는 최저점이었고, 성적 또한 바닥이었다. 중간고사 후, 시험에 관한 문의 전화를 받았다. 시현이의 어머니가 아니라 공부방 선생님이었다. 공부방 선생님의 말에 따르면, 시현이는 초등학생 때부터 중학생 때까지 계속 엄마가 직접 수학을 가르쳐 왔는데, 수학 정서가 그리 좋지 않았다. 결국 중2가 되고 사춘기가 온 후, 엄마가 손쓸 수 없는 상태가 되자 공부방에 가게 되었다. 공부방 선생님이 시현이를 만났을 때는 이미 '수학 극혐'을 부르짖고 있었을 뿐 아니라, 나쁜 습관도 자리 잡고 있었기에 어디서부터 손을 대야 할지 모를 정도였다. 그래도 어떻게든 해야 하니 교과서 풀이를 외우는 방식으로 여러 날 밤을 공들여 시험을 준비해줬는데, 그마저 0점이 나온 것이다. 공부방 선생님은 시현이 어머니를 볼 면목이 없어, 최대한 머리를 짜내 문제에 오류가 생기면 다 맞다고 해주지 않을까 싶어 학교로 전화를 건 것이었다. 그 공부방 선생님이 이의를 제기한 부분은 문제의 조건이 빠져 있다는 것이었지만, 시험을 치르기 직전에 별도로 공지한 사항이라 전혀 문제가 되지 않는 상황이었다. 시험에 관심 없는 시현이가 그 공지사항마저 받아 적지 않았기에 생긴 해프닝이었다.

수학 의지를 키워주는 부모의 모습

이와 반대로 수학의지가 잘 만들어진 대표적인 아이가 성호다. 중학교 1학년 때 그 반 아이들은 대부분 농구에 꽂혀 있었지만, 성호는 홀로 교실을 지켰다. 농구 하는 무리들이 성호를 '책만 읽는 꼬맹이'라고 표현할 때도 "뭐래~"하며 별 관심을 갖지 않았다.

아이들에게 휩쓸리지 않고 자신의 생활패턴을 지켜가던 성호는 2학년이 되며 갑자기 아이들의 관심을 받게 되었다. 첫 시험에서 1등을 한 것이다. 정글의 세계에서 갑자기 영웅이 된 아이를 가만히 둘 리 없었다. 성호가 칠판 앞에 나와서 문제라도 풀 때면 아이들은 "아, 뭐야 또 잘난 척!"이라며 왕왕거렸지만, 성호는 "너네 중에 이렇게 풀 수 있는 사람 있으면 그런 말해!"라고 강력하게 대응했고, 할 말이 없어진 아이들은 "아, 재수 없어!"라며 말꼬리를 흐렸다. 성적이 곧 권력인 중학교 교실에서 최상위권 성적을 유지하는 성호에게 아이들은 더이상 적개심을 표현할 수 없었고, 3학년이 되어서는 제 손으로 성호를 반장으로 선출하는 반전이 펼쳐졌다. 성호는 여학생이 70%인 수학 동아리에서도 꿋꿋하게 동아리장을 맡아 열심히 활동했고, 누구보다 성실하게 공부했다. 평균이 60점이었던 (중학교 시험 치고는 꽤 어려웠던)중간고사에서는 혼자 100점을 받았다. 어떻게 다 맞을 수 있었는지 아이들에게 알려달라는 선생님의 부탁에 잠시 망설이던 성호는 "문제집 3권을 씹어 먹을 정도로 본 게 다야. 교과서는 시험 직전에 한 번 쓱 훑어봤지"라며 쿨하게 이야기했다. 그때 그 교실에 있던 아이들의 존경 어린 눈빛을 보았다면 성호가 아이들에게 무시당했던 일이 정말 있었던 일인지 묻고 싶어질 것이다. 결국 성호는 졸업식에서 학업우수상을 수상했고, 특목고로 진학했다. 혼자 만점을 받았던 그 시험 직후, 나는 성장 과정이 궁금하여 성호를 교무실로 불렀다. 성호는 뜻밖의 말을 했다.

"저는 초4까지 수학은 따로 공부한 적이 없어요. 집에서 책만 읽었어요."

"정말로?"

"사실은, 어릴 때 엄마가 저한테 수학을 가르쳐 보려고 하셨는데 영 말을 못 알아들었대요. 그렇게 책만 계속 읽다가 5학년이 돼서 수학 학원에 갔는데, 생각보다 재미있었어요."

성호가 책만 읽었다고 표현을 했지만, 사실 아무 책이나 읽은 건 아니었다. 성호가 중학교 1학년 쉬는 시간에 읽고 있던 책은 『군주론』, 『죄와 벌』 같은 쉽게 범접할 수 없는 종류였고, 성호는 친구들과 농구도 마다하며 그 책들을 즐겨 읽었다. 수학 공부를 하는 데 있어 '책'이 답이라거나 '선행'은 옳지 않다고 말하고 싶은 것이 아니다. 어떤 경우든 부모의 세심한 돌봄과 흔들리지 않는 지지를 받으며 자신의 성장 속도에 맞게 내면의 힘을 키운 아이는 쉽게 무너지지 않을뿐더러, 공부에 대한 의지를 가질 수밖에 없다.

성호의 어머니가 '초5가 되었으니, 지금이 수학을 시작할 때야'라는 생각으로 성호를 학원에 보낸 것은 아니었을 것이다. 책을 읽는 것으로 앉아 있는 습관을 들이다가, 성호의 성취 수준 등을 살펴본 뒤 '지금쯤 시작해도 되겠다'라는 판단이 섰을 때 본격적인 학습을 시켰기에 성호가 할 만하다는 생각을 했을 것이다. 만약 성호의 어머니가 불안한 마음에 성호의 상태를 확인하지 않고 밀어

붙였다면, 성호가 지금처럼 자신감을 가지고 의지적으로 공부할 수 있었을까. 현재 성호는 특목고에서도 전교 1등을 놓치지 않고 있다고 한다.

아이의 모습에 정답이 있다

이 두 사례의 가장 큰 차이는 무엇일까? 바로 부모가 '아이의 특성을 제대로 파악했느냐 그렇지 않으냐'이다. 간단히 수학 수업시간에 아이들이 문제 푸는 모습을 예로 살펴보자.

① 먼저 아이들이 다 함께 소리내어 문제를 읽게 한다.
   : 문제를 읽기만 했는데도 고개를 끄덕거리며 연필을 드는 아이가 한두 명 있다.
② 문제가 뜻하는 바를 교사가 자세히 설명한다.
   : 대여섯 명이 추가로 "흠…"이라고 반응하며 문제를 풀기 시작한다.
③ 교사가 같은 내용을 그림이나 그래프로 해석해 준다.
   : 또 다른 몇 명의 아이가 "그 말이었어?"라며 필기를 시작한다.
④ 그래도 이해가 안되는 아이는 친구가 푸는 모습을 어깨너머로 본다.
   : 힌트를 얻어 따라 푼다.

⑤ 마지막까지 눈알만 데굴데굴 굴리고 있는 아이는 짝에게 설명을 두어 번 더 듣는다.

: 그제야 "아~" 하며 머리를 긁적인다.

이렇듯 문제 하나를 이해하는 것도 아이의 수준마다, 기질마다 천차만별이다. 잘 맞는 방법은 개인마다 다르며 모든 아이에게 잘 맞는 완벽한 공부 방법이란 존재하지 않는다. 설명이 반드시 필요한 아이가 있고, 설명이 시작되면 영혼이 빠져나가는 아이가 있다. 선생님 말에만 충성하는 아이가 있는가 하면, 엄마의 공감 섞인 격려가 있어야 안심하는 아이도 있다. 친구들이 문제 푸는 모습을 보면 위축되어 머리가 굳어버리는 아이가 있고, '나도 쟤만큼 잘 해야지' 하며 이를 앙다무는 아이가 있다. 혼자서 교과서를 읽으며 찬찬히 공부를 해나가야 머릿속에 들어오는 아이가 있는가 하면, 반드시 누군가의 설명을 들어야 개념이 정리되는 아이도 있다. 게다가 어떤 학습 방법이건 간에 긍정적인 효과와 부정적인 효과는 둘 다 가지고 있다. 수준을 비약적으로 높여주는 학원 수업이지만 다니다 보니 아이가 웃음을 잃어버리는 경우도 있고, 경쟁할 만한 친구들이 다니는 곳이라 등록했지만 자신감을 잃어버릴 수도 있다. 아이 맞춤형이라는 특수성에 엄마표 학습을 시도했지만 엄마는 화병을 얻고 아이는 수학을 놓을 수도 있다. 장점에 미련을 버리지 못해 단점을 무시하거나 참고 밀어붙이면 결국 그 피해는 아이가 입게 되고, 엄마는 자책할 수밖에 없다. 즉, 아이를 효율적으로 돕기 위해서는 최대의 긍정 효과를 내면서도 견딜만한 부작용을 가진 방법을 찾아야 한다. 아무리 평이 좋은 학원일지라도 본인에게 맞지 않는 곳이라면 지체 없이 옮겨야 하며, 시현이처럼 엄마와 부딪치는 아이에게 엄마표만 끝까지 고집해선 곤란하다. 또, 충분히 스스로 할 역량이 되는데도 불안하다는 이유만으로 학원에 갈 필요는 더더욱 없다.

방법 못지 않게 시기 또한 중요하다. 아이에게 가장 효과적인 때를 눈치채야 한다. 일반적으로 초3에 시작하면 이상적인 것이 학교 수학이지만, 사실 아이의 성장에 잘 맞추기만 한다면 초5라고 해서 아주 늦은 것은 아니다. 아이의 성장이 늦다면 7세부터 연필 쥐여주고 닦달하며 수학 정서를 해치는 것보다 늦게 시작하는 편이 훨씬 효과적일 수 있다.

10대 초반 아이들은 변한다. 전두엽의 지각변동(사춘기)이 올 것이며, 부모로부터 자신의 영역을 지키려 안간힘을 쓸 것이다. 결국 본인의 의지가 없다면 수학을 끝까지 잘하는 것은 불가능하다. 그러니 부모가 할 수 있는 일은 그때가 오기 전, 바로 이성을 꾸리는 초3부터 부모의 도움이 가능한 초5 시기까지 내면의 힘을 충분히 키워, 때가 오면 의지적으로 할 수 있게 만드는 것이다. 아이를 잘 살펴 가장 적절한 시기에 적당한 코칭으로 자극을 주고, 좌절을 겨

을 수 있게 허락하며, 아이가 극복해 내는 과정에서 전폭적인 응원
을 하는 것. 그 정도면 충분하다.

수학 학습 영역 이해하기 1:
초3~초5는 뇌의 결정적 시기다

＊
＊
＊

아이가 조금 자라고 이것저것 학습을 시켜보면서 알게 된 것은, 내 아이는 '하면 된다!'는 구호와 '1만 시간의 법칙'이 너무나도 필요한 극도로 평범한 아이라는 사실이었다. 게다가 공부의 주체가 내가 아닌 '내 아이'이다 보니, 조금이라도 아이가 덜 힘들면서도 더 좋은 결과를 낼 수 있는, 꼼수 아닌 꼼수가 절실해졌다. '공부는 그저 엉덩이가 하는 거지'라는 생각을 가지고 있던 나도 부모가 되어보니 공부에 대한 시각이 확실히 달라졌다. 아이가 엄마라는 말을 뱉지 못할 때부터 영어에 노출시켰던 것도, 내가 했던 그 어려운 영어 공부를 내 아이는 좀 더 쉽게 했으면 하는 의도였고, 수학에도 분명히 그런 결정적 시기가 있을 것이라 생각했다. 물론 나이가 어리건 많건, 본인의 의지만 있으면 언제 어디서든 당연히 학습은 일어날 수 있다. 하지만 지금 이야기하는 것은 그런 '의지'에 의한 학습이 아닌, '뇌 발달의 최적기'를 이용하여 남들보다 노력을 적게 투입하더라도 높은 효율을 낼 수 있는 그런 학습이다. 그런 이유로 인간의 뇌가 학습에 최고로 반응하는 시기가 무엇인지 아는 것은 상당히 중요하다.

뇌 과학자들의 연구에 의하면, 미성숙한 뇌가 완성형으로 진화하는 시기는 12세 전후라고 한다. 하지만 실제 아이가 수학하는 사고의 과정을 지켜보면 수학에서의 결정적 시기는 그보다 조금 더 좁은 범위인 초3~초5의 시기이다. 일반적으로 초1~2는 교육과정상으로도 논리적인 사고가 힘들다고 판단하여 기초 연산만 학습한다. 초6은 초기 사춘기(전두엽의 지각변동)의 영향으로 뇌의 능력이 취약해지며, 부모의 도움을 꺼려하는 경향이 있다. 때문에 이를 제외한 초3~초5는 부모가 직접 관여하여 아이의 수학 뇌 성장을 도울 수 있는 최적기라는 결론에 도달한다.

초3~초5 수학머리, 뇌의 특성을 이용하자

초3~초5의 수학 공부는 뇌의 2가지 특성과 연관지어 생각해 볼 수 있다.

첫 번째, 초3~초5의 시기에 꾸준히 수학을 훈련하여 수학에 적합한 뇌를 만들어야 한다.

어려운 문제를 푸는 동안 뉴런은 특별한 자극을 받는다. 자신의 사고력을 최대로 발휘해서 하나의 문제에 집중하는 동안 뉴런의 축삭을 감싸고 있는 지방층인 미엘린의 두께가 조금씩 두꺼워진다는 사실이 발견되었다. 미엘린 층이 두꺼워질수록 속도와 정확성이 향상되며 문제를 빠르고 정확하게 푸는 결과로 나타난다.[2]

초3~초5 시기, 수학 학습을 하며 사고하는 활동을 하게 되면 수학과 관련된 연결고리(시냅스)가 단단해져 두뇌가 수학을 잘할 수 있는 방향으로 발달한다. 이 시기부터 아이가 제대로 생각하고 개념을 학습하는지 챙긴다면, 논리적이고 종합적인 수학적 사고를 할 수 있다. 뇌는 가장 민감할 때 어떤 자극을 받느냐에 따라 활성화되는 부분이 달라지는 특성을 가지고 있기 때문이다. 습득 속도가 느리더라도, 또 남녀 차이를 감안하더라도 매일 조금씩 수학 공부를 하면 초4 즈음에는 대부분 아이들이 집중할 수 있는 능력을 가진다. 뇌는 계속해서 훈련하는 대로 리모델링 되어 수학에 최적화되고 있기 때문이다. 이 시기는 수학의 첫 걸음을 떼기에도 좋을 뿐만 아니라, 여태껏 잘못된 방향으로 공부해왔다면 이른바 리셋 버튼을 누르는 것도 가능한 시기이다. 힘든 아이는 잠시 쉬었다가 처음부터 다시 시작할 수도 있고, 맞지 않는 방법을 사용했다면

---

2 김미현, 『14세까지 공부하는 뇌를 만들어라』 (메디치미디어, 2017), pp.28

언제든 다른 방법을 시도할 수 있다. 하루에 한 문제씩 공부했더라도, 뇌의 성장에 따라 양을 늘려 여태 다른 아이들이 해온 것을 단번에 따라잡는 것도 가능하다. 결정적 시기에 뇌가 수학 학습하는 데 적합해지면, 이후 수학 공부에서도 가속도가 붙는 것은 당연한 일이다.

두 번째, 뇌의 특성을 이용하여 수학 공부가 일상에 자리 잡게 만들어야 한다. 뇌 과학자이자 물리학자인 정재승 교수는 "에너지를 적게 쓰는 전략이 인간 생존의 가능성을 높이기 때문에 인류는 습관이라는 방식으로 에너지를 최소화한다.[3]"라고 이야기한다. 초등학교 5학년이 되면 비교적 많은 아이들이 수학에 어려움을 느낀다. 난이도가 높아지기도 하고, 이전 학년에 배운 모든 내용이 복합적으로 나오기 때문이다. 초5를 기점으로 수포자가 생긴다는 말이 괜히 나오는 게 아니다. 에너지를 적게 쓰는 것이 생존이라고 생각한다면 이 위기 시점에 아이가 할 수 있는 선택은 두 가지이다. 하나는 '수학 공부를 하지 않음'으로써 에너지를 쓰지 않는 것이고, 또 다른 하나는 '수학 공부를 습관으로 만듦'으로써 에너지를 최소화하는 것이다. 이 두 가지 방법 중 어떤 것을 선택하느냐는 이후 삶을 완전히 다른 방향으로 이끈다.

---

3   정재승, 『열두발자국』(어크로스, 2018), pp.138–139

수학 빼고 모든 걸 잘하는 아이

부모가 학습의 적절한 시기를 놓칠 경우 중고등학생이 되었을 때 어떤 문제 상황이 발생할까?

중3 우리 반 부반장이었던 지수는 아이들이 인정하는 소위 '인싸'였다. 춤도 잘 추고 리더십도 있었다. 여러 선생님께 태도가 좋다고 칭찬을 전해 듣기도 했다. 하지만 이런 지수에게도 취약점이 있었으니, 바로 수학이었다. 중간고사, 쪽지 시험, 수행평가 등 모든 수학 시험에 최저점을 기록했다. 기말고사 답안지가 빽빽하기에 잠시 기대했지만, 역시 0점이었다. 빈 답안지가 아닌 것은 그래도 공부 의지가 조금은 남아 있다는 뜻인 것 같아 지수를 불렀다.

"지수야, 시험이 많이 어려웠어?"

"아… 제가 공부를 안 해서 그래요. 시험이 어려운지는 잘 모르겠어요."

"다른 건 전부 다 잘하는 지수가 왜 수학만 안 하는 걸까?"

"선생님, 전 뮤지컬 배우가 될 거라 수학은 필요 없어요."

"그래도 기본적으로 중학교를 졸업하려면 할 줄 알아야 하는 게 있지 않겠니? 이리 와 봐. 이거 한번 풀어 볼까?"

앉혀 놓고 이전 학년 내용으로 거슬러가며 문제를 풀도록 했더니, 지수의 수학은 초4에서 멈춰 있었다. 답답한 마음에 어머니와 전화 상담을 했다.

"어머니, 어차지처 해서 지수와 상담을 했습니다. 시켜보니 초5 수학 내용부터는 잘 모르더라고요. 그때부터 배우가 되겠다고 해서 그런 건가요? 진로를 일찍 정하셨네요."

"아니에요, 선생님. 그때 수학이 힘들다고 해서 학원을 보내줬어요. 근데 1년 내내 선생님이 풀어주는 걸 구경만 했다고 나중에 말하더라고요. 그러더니 결국 수학은 포기한 것 같아요. 수학이 안되니 다른 길을 찾은 거죠."

수학에 어려움을 느낀 그 시기, 지수는 수학 잘하는 친구가 다니는 학원 수업을 선택했다. 지수의 친구는 이미 기초가 탄탄했기에 진도를 쭉쭉 나가는 강의식 수업이 적절했지만, 기초가 없는 지수에게는 아니었다. 좋다는 수업이니 듣다 보면 어떻게든 되겠지 라는 생각이었겠지만, 수학은 듣는 것만으로 습득되는 과목이 아니다. 결국 그 아까운 시간을 학원에서 흘려버린 지수는 의도치 않게 1년치 결손을 누적하게 되었고, 수학책을 펴는 순간마다 많은 에너지가 필요할 수밖에 없었다. 결국 뇌는 에너지를 아끼기 위해 '하지 않는' 쪽으로 방향을 틀게 되었다. 지수를 어떻게든 도와주고 싶었지만, 중3까지의 누적된 결손을 빠르게 만회하기엔 그 양이 너무 방대했다. 게다가 지수는 다른 분야에는 적극적이었음에도 불구하고, 수학과 관련된 모든 것에는 무기력했다. 스스로 마음을 놓았기에 더는 도울 방법이 없었다는 말이 어울릴 것 같다. 지수처럼 열정적인 아이가 시기를 놓쳤다는 이유로 수학이 필요 없는 분야에서 진로를 찾아야 했다는 사실은 이 시기 수학이 얼마나 중요한지에 대해 다시 한번 생각하게 한다.

수학 학습 영역 이해하기 2 :
초3~초5는 인지 능력의 성장기다

*
*
*

　만약 초등 학부모와 아이의 수학에 관하여 상담할 일이 생긴다면, 나는 '아직 안 해도 괜찮다' 보다는, '지금을 놓치면 늦을 가능성이 높아지니, 조금이라도 매일 수학을 시작하라'고 조언할 것이다. 내가 학교에서 보아온 진짜 수학 고수들은 결코 '순간 바짝'이나 '무작정 열심히'로 될 수 있는 것이 아니었다. 초등 결정적 시기에 만들어 둔 탄탄한 기초와 습관이 있었고, 본인의 의지와 피나는 노력이 더해져 만들어진 것이다. 수학을 잘하게 되는 습관과 사고 방식은 단기간에 만들 수 없는 것이며, 처음 만들어진 수학에 대한 감정은 이후에 변화시키기 어렵다. 부모가 해 줄 수 있는 것은 그 기초와 습관을 잡아주고 의지를 만들 수 있도록 에너지를 심어주는 일이며, 그 시기 또한 초등을 넘어설 수 없다.

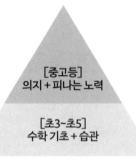

하지만 앞서 여러 사례에서 보았듯, 초등이 적기라고 해서 무턱대고 내가 보기에 좋은 것을 와르르 아이에게 쏟아붓는 것 또한 좋은 결과를 보장할 수 없다. 아이가 받아들일 수 있는 때에 적절한 내용을 줄 수 있는 지혜가 필요하다.

수학 교육의 대가라고 불리는 서울대 박영훈 교수는 저서 『당신의 아이가 수학을 못하는 진짜 이유』에서 초1 교과서의 '역연산'이 나오는 부분에 대해 아래와 같이 비판한다. 초1 교과서에 나오는 내용이라 해서 초1 아이가 모두 완전히 이해해야 하는 것은 아님을 깨닫게 되는 대목이다.

교사는 어쩔 수 없이 교과서에 있는 내용을 아이들에게 가르쳐야 하고, 아이들은 어쩔 수 없이 수업을 따라간다. 왜 그래야 하는지는 전혀 모르고 '덧셈식

에 있는 수 중에서 가장 큰 수를 제일 앞으로 가져오며 뺄셈식을 만들 수 있다'
고 암기한다. '수학은 암기'라는 잘못된 인식을 수학을 처음 배우는 초등학교 1
학년 때부터 경험하도록 교과서가 유도하고 있는 것이다. 이 사실을 어떻게 설
명하면 좋을까? 교육적 무지의 소치이며 지적 폭력이라 해도 될 만큼 무자비한
행위다.[4]

기초적인 수학 개념을 잘 받아들이는 나이

실제로 우리 집 아이가 초1 때의 일이다. 교과서에 나온 역연산
을 이해시키기 위해 "빵에 팥을 더하면 단팥빵이 되지? 그러면 단
팥빵에서 뭐를 빼면 빵만 남지?"류의 설명을 도대체 몇 번 했는지
모른다. 하지만 그 이야기를 듣고 있던 초1 아이는 이해는커녕 "엄
마, 단팥빵 먹고 싶어"라는 말만 되풀이할 뿐이었다. 2년 정도 시
간이 지나 아이가 초3이 되고 나서 다시 같은 내용을 물어보았다.
"15+□=250이라는 식이 있어. 15와 250을 이용하여 □를 구할
수 있을까?" 초3 아이는 '왜 이렇게 쉬운 걸 묻는 거지?'라는 표정
으로 '□=250-15'라는 식을 거침없이 적었고, 나는 속으로 안도
의 한숨을 내쉬었다.

위에 언급한 책의 그 구절이 위로가 될 만큼, 역연산은 초1이 이
해하기 힘든 내용이었다. 그러나 인지 능력이 조금 자란 초3에게

---

4   박영훈, 『당신의 아이가 수학을 못하는 진짜 이유』 (동녘, 2015), pp.212

는 별다른 설명 없이도 이해 가능한 내용이었다. 즉, 기초적인 수학 개념을 아이들이 받아들일 수 있으려면 초3 나이 정도의 인지 능력이 필요하다는 것이다. (교육과정이 아이들의 발달을 고려하여 만들어졌다는 점을 생각해 볼 때, 초1에 역연산을 도입한 것은 학년이 거듭되면서 좀 더 복잡해진 숫자와 함께 반복될 것을 고려하여 '그런 게 있나 보다' 정도로 이해하라는 취지가 아닐까 짐작해 본다.)

아이의 인지 능력 성장 시기를 포착할 것

초1~초2 수학 교과서에는 '산수'라는 이름이 더 어울릴 만한 내용만 나오다가, 나눗셈과 분수, 원과 반지름, 사각형의 성질, 들이와 무게 단위 등 수학 개념이라 부를만한 것들은 초3에 처음 등장한다. 전문가들은 그때쯤이 되어야 아이들의 인지 수준이 개념을 받아들일 정도가 된다고 판단했기 때문에 교육과정을 그렇게 구성한 것이다. (물론 개인의 인지 발달 속도에 따라 조금씩 다를 수는 있다.)

부모가 초등 아이의 수학을 위해 해야 할 가장 중요한 일은 내 아이의 인지 능력 성장 시기를 잘 포착하는 것이다. 내 아이의 현재 인지 능력이 이 수준의 학습에 적합한지 주의 깊게 관찰하고, 때를 놓치지 않아야 한다. 인지 능력이 생기면 자연히 알게 되는 내용을 굳이 다른 아이들이 한다고, 학교 교과이니 지금 해내야 한다고 들볶을 이유는 전혀 없다. 단팥빵밖에 떠올리지 못하는 초1 아이에게 역연산의 개념을 이해시키기 위해 진을 빼는 것보다는

'뒤에서 앞의 것을 빼는 것'이라고 암기하게 하는 것이 더 효과적인 것처럼 말이다. 자신이 이해할 수 있는 내용을 받아들일 때, 아이는 거부감 없이 수학을 대할 수 있으며 성공도 경험할 수 있다. 또한 그 성공 경험은 객관적 증거가 되어 아이의 자신감이 자라나는데 도움을 준다. 즉 문제를 잘 풀어낸 경험이 쌓이면 스스로 '잘 풀 수 있는 사람'이 되었다고 생각하고, 나는 '잘 풀 수 있는 사람'이기에 복잡하거나 새로운 문제에도 겁먹지 않게 된다. 그렇게 성공을 맛보며 선순환이 만들어 진다.

중고등학교에서 눈에 띌 정도의 선순환을 보여주는 아이들은 대부분 초등에서 이어온 경우가 많았다. 중1이라고는 믿어지지 않을 정도의 태도와 자신감, 그리고 학습 능력은 초등에서 시작된 선순환이 아니고서야 설명이 되지 않기 때문이다. 반면 중학생이 되어서야 시작하는 아이들, 즉 중학교 첫 시험을 친 후에 정신을 차린 아이들은 앞서 말한 아이들과는 조금 다른 양상이다. 그들은 앞서 설명한 선순환으로 이루어진 자연스럽고 당연한 학습보다는 양으로 승부를 내는 경우가 많기에, 대부분의 시간과 에너지를 수학에 들인다. 그러나 고등 때는 공부량이 몇 배로 늘어나기에, 최상위권을 이어가는 게 쉽지 않은 경우가 많다.

수학 학습 영역 이해하기 3 :
수학은 기초 체력 위에 반복을 쌓는 것

＊
＊
＊

중학생이 되면 아이들은 초등학생 때보다 조금은 더 자신의 상황에 대해 객관적으로 볼 수 있게 된다. 상위권 친구들을 보며 자신도 해야겠다는 마음을 먹기도 하고, 때로는 자신이 정말 하고 싶은 일에 동기부여를 받아 공부를 시작하기도 한다. 그러나 마음만 먹는다고 이루어지는 것이라면 이 세상 모든 사람이 소위 몸짱이지 않을까. 물론 수학 공부를 전혀 하지 않던 아이여도 어떤 계기로 마음을 먹었다면, 5시간 정도 이 악물고 수학 공부하는 것은 가능하다. 하지만 그것만으로 바뀌는 것은 정말이지 단 하나도 없다. (심지어 중간고사에서 1점을 더 받는 것도 불가능하다.) 시작이 반이긴 하지만, 그 '반'이라는 의미는 그 시작이 계속 이어진다는 전제 하에 가능하다. 의시틱이라는 깃은 단 한 번의 의지가 아닌, '의도적으로 지속적인 에너지를 쏟을 수 있을 때' 효과가 생기기 때문이다. 게다가 그 의지력이라는 것은 조금이라도 마음을 놓는 순간 '기본값'의 상황으로 빠르게 돌아가는 무시무시한 속성이 있다. 다음 사례는 그에 관한 것이다.

수포자와 수학 상위권 아이의 시간은 다르다

도움반 예진이의 학습 수준은 초6에 멈춰 있었다. 아니, 초등수학 내용도 썩 익숙해 보이지 않았다. 그래도 중3이면 어느 정도 뇌가 자랐으니 늦어진 개념들을 습득할 수 있을 거라 믿고 싶었고, 그런 내 열정에 반응이라도 하듯 예진이는 30문제가 넘는 학습지 숙제를 도움반 최초로 모두 풀어왔다. 물론 완벽하게 푼 건 아니었지만, 그런 열정을 보여준 것은 예진이가 처음이었다. 칭찬과 함께 어떻게 해왔는지 물었더니, 주말 내내 언니와 함께 숙제만 했다고 했다. 예진이의 풀이 속도를 감안했을 때 적어도 5~6시간은 잡고 앉아 있었음이 분명했다. 대견한 마음에 두 번째 수업에서도 비슷한 양의 숙제를 내주었는데, 예진이의 열정은 두 번을 넘기지 못했다. 게다가 세번째 수업에는 아예 얼굴도 비추지 않았다. 우연히 복도에서 마주친 예진이에게 왜 오지 않았느냐고 묻자 예진이는 고개를 푹 숙이며 "선생님, 제 인생 처음으로 진짜 열심히 해봤는데 생각보다 너무 힘들었어요. 그 다음에는 엄두가 안 나더라고요"

라고 중얼거렸다. 숙제는 안 해도 좋으니 수업이라도 오라며 예진이를 달랬지만, 예진이는 첫 날이 가장 열심히 한 수업인 채로 도움반을 끝냈다.

예진이는 최초의 의지적 노력을 했다. 그러나 평소 수학을 해오던 아이가 아니었기에 당연하게도 힘에 부쳤다. 본능적으로 빠르게 평소 본인의 패턴으로 돌아올 수밖에 없었으며 '역시 난 수학은 안되는 아이'라는 부정적 자의식만 굳히게 되었다.

'수포자', 즉 학교 현행 수업도 따라가지 못하는 아이가 갑자기 열심히 해서 1등급에 도달한 경우는 15년 교직생활 중 단 한 번도 본 적이 없다. (물론 가끔 그런 인물이 책을 펴낸 경우는 있지만, 현실에서는 보기 힘든 일이다.) 예진에게는 너무 거대했던 인생 최대의 5시간이었겠지만, 최상위권 아이들에게 5시간은 그저 한나절 공부량에 지나지 않는다. 고등학교 수학 상위권 아이들의 일과를 살펴봤을 때 자습시간, 쉬는시간, 점심·저녁시간 등 모든 자투리 시간에 손에서 문제집이 없었던 적은 찾아보기 힘들었다. 그들은 공부에 있어서는 거북이스러운 태도로 공부해 왔기에, 다른 아이들이 자신의 뒤를 쫓아올 때까지 자만한 토끼처럼 기다려 주지 않는다. 반면 수학 공부를 제대로 해 본 적이 없는 아이들은 습관도 잡히지 않았고, 수학 공부하는 뇌 영역을 쓴 경험도 없기에 방법을 찾는 데만도 꽤 많은 시간과 에너지를 들여야 한다. 우리가 흔히 말하는 '본인 의지가 생겼을 때 하면 된다'라는 말이 수포자 아이에게 적용될 수 없는 이유는 일단 그럴만한 기초체력이 갖춰져 있지 않기 때문이고, 올바른 수학 학습법도 터득하지 못했기 때문이다. 그런 이유로 최상위권 아이들과 수포자 아이들의 간극이 좁혀지기란 현실적으로 쉽지 않다.

수학은 어려운 것이 아니라 낯선 것일 뿐

수학을 제대로 배우기 시작하는 초3부터 매일 바른 방법으로 수학 공부를 해 나가다 보면 기초체력이 쌓인다. 그리고 그에 맞춰 자연스레 뇌도 수학적으로 성장한다. 충분히 뛸 체력이 갖추어진 상태에서 '양을 늘려야겠다', '속도를 올려야겠다'라는 의지가 덧붙여지면 스스럼없이 행동으로 옮길 수 있다. 누워 있다가 갑자기 달리는 것과 천천히 뛰고 있는 상태에서 속도를 올리는 것. 어느 경우에 더 좋은 성과를 낼 수 있을지는 자명하다. 결국, 입시 수학에서 성과를 내기 위해서는 초3부터 한발짝씩이라도 걷고 있어야 한다. 언제 속도를 낼지는 아이가 선택할 일이지만, 일단 꾸준히 걷고는 있어야 한다는 이야기다.

우리나라 사람들의 상당수가 "수학은 어렵다"라고 말한다. 내용이 많기도 하고, 입시에서 수학 성적이 워낙 중요하니 경쟁이 심한 탓도 있을 것이다. 하지만 수학교사의 눈으로 봤을 때, 학교 수학은 어려운 것이기 보다는 '낯선 것이 많은' 과목일 뿐이다.

처음 구구단을 만난 아이는 그 많은 식을 다 외워야 한다는 사실에 엄청난 스트레스를 받는다. 울면서 외우는 아이도 있고, 더딘 아이를 보며 발을 동동 구르는 엄마도 있다. 하지만 고등학생 정도가 되면 아무리 수학을 못하는 아이일지라도 구구단이 어려운 개념이라고 말하지 않는다. 구구단의 개념이 쉬워질 정도로 뇌가 자라기도 했고, 너무 많이 보아 익숙해졌기 때문이다. 그러니 '학교 수학을 잘한다'는 것은 적절한 시기에 깊이 있게 반복하여 낯선 것을 익숙하게 만들고, 그 과정에서 자연스레 생겨난 논리력을 알맞게 사용해 새로운 문제를 해결해 나갈 수 있는 상태가 되었다는 것이다. 타고난 수학적 재능이 많지 않더라도 탄탄한 기초체력 위에 의지적으로 무수한 반복을 쌓아 상위권을 유지하는 아이는 과거에도 현재에도 셀 수 없을 만큼 많다.

초등수학 로드맵

앞서 설명했듯 논리력이 본격적으로 가동되는 나이는 아이의 성장에 따라 다르지만 대개 초3~초4 즈음이다. 흔히들 '머리가 트이는 시기'라고 한다. 이때부터 조금씩 양을 늘려 초6이 되기 전까지 초등수학을 마치는 것으로 목표를 정하는 것이 좋다. 그래야 초6이 되었을 때 배운 내용을 전체적으로 복습한 후 중등수학을 준비할 수 있다. 초등수학에서 가장 핵심적이고 낯선 내용은 초4~초5에 집중되어 있고, 초6 내용은 그 위에 약간의 살을 덧붙인 정도이기 때문에 초6 내용을 조금 앞당긴다 해도 문제 될 것은 없다.

마치 모든 진도를 고2에 끝내고 고3에는 수능을 대비한 실전 연습을 하는 것처럼 말이다.

초6이 되어서는 이전에 공부한 내용을 '스스로', '종합적으로', '머릿속에 방을 만들어 정리하는' 작업을 해야 한다. 아이는 이미 공부를 마친 내용이기에 조금만 도와주면 스스로 구조화할 수 있다. 역사를 배울 때 내용을 전부 배운 후 연도별로 정리를 하거나 사건별로 마인드맵을 만드는 것과 같은 이치다. 그렇게 머릿속에 정리를 하면 어떤 초등수학 문제를 접하더라도 '내가 아는 것일 뿐'이라는 자신감이 만들어진다. 게다가 중1에는 문자와 유리수가 도입되는 것 이외에는 크게 초등보다 심화되는 내용은 없기에, 초등수학을 잘 다지면 중등수학은 정말 부담 없이 시작할 수 있다. 부모 또한 초6이 되어 한 번 더 복습할 기회가 있고 중학교까지 시간이 충분하다는 걸 생각하면, 수학 공부를 하는 매 순간 아이가 완벽해 보이지 않더라도 좀 더 여유로울 수 있다.

초등수학을 가능하게 만드는 '눈앞의 당근'

초등수학 로드맵은 엄마가 짜지만, 실행은 아이가 해야 한다. 그러나 초등 아이들은 공부해야 하는 이유를 모르는 경우가 대부분이다. 꿈을 이루기 위해서는 수학이 필요하다며 아무리 열변을 토해도, 아이는 지금 자기 손에 쥐여지는 것이 없다면 썩 내켜하지 않는다. 즉, 저금해야 하는 만 원보다 뽑기에 써도 되는 천 원을 선호하는 이 시기 아이들에게는 '당장 먹을 수 있는 당근'이 필요하다. (흔히 어떤 행동을 이끌어내기 위해 당근과 채찍이라는 말을 쓴다. 보상은 당근, 벌은 채찍에 비유한다.)

아주대학교 조선미 교수는 "아이는 설득에 의해 배우는 것이 아니라 반복으로 배우는 것[5]"이라 이야기했다. 행동 수정이 꼭 동물에만 적용되어야 하는 것이 아니라는 말이다. 초등시기 수학머리를 만들기 위해 가장 중요한 일은 수학 습관을 잡고 올바른 수학 공부 방법을 익히는 것이다. 반복을 통해서만 가능한 것이기에 당근(보상)은 엄마와 아이의 관계를 잘 유지시키면서도 아이의 행동을 바람직한 방향으로 조절할 수 있는 좋은 장치다. 단, 당근을 사용함에 있어 조심해야 할 부분이 있다.

첫 번째, 보상하는 대상과 방법은 엄마가 정해야 한다. 조선미 교수는 보상하는 대상마저 아이와 의논한다면 아이는 결국 '수학 공부할 테니 ○○해줘~' 식의 뇌물을 요구하게 된다고 했다. 지금은 엄마 주도적으로 아이의 습관을 만들어 가는 시기이기에 엄마의 권위를 지키는 것이 반드시 필요하다.

두 번째, 보상하는 대상을 '수학 공부하는 과정'에 두는 것이다. 학교 시험 기간이 되면 아이들이 종종 하는 이야기가 있다. "이번

---

5   유튜브 채널 '대기자 TV', 〈부모의 권위를 세우는 가장 효과적인 방법!〉 (2023. 02. 02), https://youtu.be/lJfCA48gS78

시험에 90점 이상 받으면 엄마가 핸드폰 바꿔 준댔어요!" 그 이야기를 할 때면 아이들의 눈에서 빛이 난다. 하지만 시험이 끝나고도 아이는 계속 그럴 수 있을까? 보상의 대상이 '성취 결과'가 되는 순간, 아이의 의지는 시험과 함께 종료된다. 결과가 좋지 못하다면 무력감마저 생길 수 있다. 공부를 하게 하는 것이 목적이었다면 '90점 이상'이 아니라, '문제집 2권을 오답 정리까지 마치고 엄마에게 확인 받는 것'에 보상이 주어져야 한다. 결과가 크게 좋지 않더라도 열심히 한 과정에 보상을 받은 아이는 다음 시험에도 과정에 충실할 가능성이 높다. 초등 아이의 수학 공부에 대한 보상도 마찬가지다. 단원평가 점수, 테스트 결과보다 '오늘 할 분량을 다 했음'에 무언가를 약속하는 것이 아이의 열정을 끌어내고 지속적으로 유지할 수 있는 데 훨씬 효과적이다.

2장

수학머리를 만들기 전,
알아둬야 할 것

초등수학에 반드시
필요한 3가지 힘

✳
✳
✳

수학 공부에 있어 '초등'의 목표는 어디에 두어야 할까. 앞의 여러 사례를 눈여겨 읽었다면 초등 단원평가 100점이나 영재원, 특목고가 목표가 되어서는 안 된다는 것을 눈치챘을 것이다. 그렇다고 해서 수학 교육학에서 말하는 사고력 함양, 문제해결력 향상에만 집중하여 공부하는 것 또한 현실적이지 않다. 그렇다면 일단 더 큰 범주인 '수학 공부'의 목표를 생각해 보자. 대한민국 학부모라면 인정할 수밖에 없는 가장 현실적인 수학의 목표는 당연히 대학 입시다. 수학 공부의 목표를 입시에 둔다면 초등에서 해야 할 것은 명확하다. 가능한 빨리 시작하여 초등수학부터 고등수학까지 빠르게 마스터하고, 무한 반복하는 것이다. 그러나 이론적인 것에 앞서 우리가 고려해야 할 것은 일단 '그것이 가능한가?'이고, 한 걸음 더 나가 '효과적인가?'라는 것이다. 이 두 물음에 망설임 없이 "Absolutely!"라고 대답할 수 있다면 앞뒤 잴 것 없이 서둘러 시작해야 한다. 즉, 초등학생이 입시 수학을 큰 어려움 없이 이해할 수 있고, 10년간의 반복 훈련으로 입시에서 고득점을 할 수 있다면, 일찍부터 달리지 않는 것이 더 이상하게 느껴진다.

초등수학의 진정한 목표

하지만 초등 아이와 한 번만 자리를 잡고 앉아 공부해 보면 알게 된다. 아이들은 바로 어제 배운 내용도 기억하지 못하며, 같은 내용을 볼 때마다 처음 본다는 태도로 대한다. 아이가 이렇게 반응하는 건 지극히 당연한 일이다. 스위스 심리학자이자 피아제(J. Piaget)는 인지발달이론을 통해 인간의 인지발달은 감각운동기-전조작기-구체적조작기-형식적조작기 총 네 가지 단계를 거쳐 발달한다고 주장했다. 그의 말에 따르면 일반적으로 초등학생은 '구체적조작기' 단계에 속하는데, 이 시기에는 간단한 산술과 연산은 가능하지만 추상적인 개념을 추론해야 하는 수학을 완벽하게 이해하긴 어렵다. 더군다나 내적 동기가 자극될 만한 공부를 할 수도 없다. 이런 이론을 떠나서라도, 사실 지금의 초등학생은 이전 세대보다 공부하기 더 힘든 환경에 있는 것이 분명하다. 게임, 유튜브 등 놀 것은 널려 있는데다, 가장 현실적으로 우리 때의 강력한 공부 동기였던 '학교 시험'도 없기 때문이다. 당장 내일 시험이 있는 것도 아닌데 굳이 노는 것을 참고 머리 아픈 수학을 공부하기 위해 책상에 앉는 10세는 대한민국에 몇 명이나 될까. 그렇다면 도대체 초등수학의 목표는 무엇이 되어야 할까? 최종 목표가 입시 수학의 성공이고, 그 입시를 '아이'가 해내야 하는 것이라면 답은 명백하다. 우리가 추구해야 할 초등수학의 목표는 바로 중고등학생이 된 아이가 수학 자립을 할 수 있도록 수학머리를 만들어 두는 것이다.

수학 상위권 아이들의 수학 공부 모습

자칭 타칭 수학고수들의 수학 자립 형태를 살펴보자. 중학생, 고등학생은 성장의 정도에 따라 차이는 있으나 그 결은 같다. 다음 표는 내가 인상 깊게 보아온 그들의 수학 공부 모습이다. 비슷한 특징별로 분류해 보았다.

Ⓐ	• 3년-1년-1주일-1일-1시간 단위로 자신이 해야 할 수학양을 구체적으로 정해둔다. • 연산, 내신, 수행, 선행, 수능 준비에 집중하는 시간을 각각 정한다. • 쉬는 시간, 점심 시간을 포함한 모든 자투리 시간을 위한 공부거리들(주로 수학 문제집)을 자리 주변에 미리 세팅해 둔다. • 자리에 앉는 순간 계획한 공부를 시작한다. • 맞고 틀리는 것에 일희일비 하지 않는다. • 시험을 친 후에는 반드시 틀린 문제에 대한 반성을 한다. • 자신의 공부량을 토대로 시험 성적을 예측할 수 있다. • 슬럼프가 와도 자신이 정한 최소한의 양은 지키려고 노력한다. • 스스로의 학습에 대한 당근과 채찍을 생각해 두어 지치지 않고 오래 유지할 수 있는 학습 시스템을 만들어 둔다.
Ⓑ	• 수학 원칙에 따라 개념을 정리하고, 문제를 보며 개념을 다진다. • 시험 준비를 할 때는 관련 문제집을 최소 3권 이상 풀어보며 유형을 파악한다. • 개념을 처음 보거나 문제를 정리할 때 자신만의 언어로 정리한다. • 모르는 문제는 끝까지 도전한다. 오답을 챙기되 아무 도움 없이 스스로 풀 수 있을 때까지 반복한다. • 시험 범위에 직접적으로 해당하는 교과서나 참고서는 권당 3회독은 기본, 많게는 7~8회독까지 한다. • 수업시간 교사의 문제 풀이에 최대한 집중하여 자신의 풀이와 차이점을 찾아낸다. 이해가 가지 않으면 따로 질문해서라도 알아낸다. • 문제를 잘 이해하지 못하는 친구들에게 성심성의껏 가르쳐 준다.
Ⓒ	• 매일 수학 공부에 일정 시간을 할애한다.(고등학생은 수학문제 풀이에 하루 대부분의 시간을 쓴다.) • 풀어야 할 문제가 주어지면 신속 정확하게 풀기 위해 시간을 재거나, 집중하기 위한 환경을 만든다.(자세를 고쳐 앉거나 조용한 곳으로 자리를 옮긴다) • 마지막까지 정확하게 푸는 연습을 위해 답을 내는 모든 과정을 연습장에 기록하며 푼다. • 최대한 빨리 풀기 위해 글씨를 빠르게 쓰는 방법을 따로 연습하기도 한다.

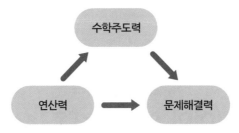

Ⓐ는 의지적으로 수학을 해 나갈 수 있는 힘인 수학주도력, Ⓑ는 수학 원칙에 따라 공부하는 힘인 문제해결력, Ⓒ는 자신감과 논리력을 만드는 힘인 연산력이다. 수학고수들의 모습에는 항상 이 세 가지가 있었으며, 이들은 서로 조화롭게 힘을 실어주고 있었다. 초등에서 필요한 것은 이 세 가지 힘을 만드는 시스템과 학습 능력, 그리고 의지를 만드는 힘을 키우는 일이다.

수학 의지 영역 :
아이의 '수학주도력'을 키우는 엄마의 수학 플랜

✳
✳
✳

수학주도력은 말 그대로 의지적으로 수학을 해 나갈 수 있는 힘이다. 초3~초5에 만든 이 수학주도력이 왜 중고등수학에서 필요한지, 그 힘을 가지고 있는 아이들은 어떻게 본인의 공부를 의지적으로 해 나가고 있는지 살펴보자.

공부의 밀도를 잡아라

중간고사가 끝난 날, 점수 확인을 하고 자기 자리로 돌아간 민영이가 갑자기 울음을 터뜨렸다. 태도도 좋고 항상 웃는 얼굴인 민영이라 그런 모습이 당황스러웠다. 한참을 그러다 조금 진정이 된 민영이가 이번엔 짝에게 신세한탄을 했다.

"교과서랑 프린트를 3번씩이나 꼼꼼히 풀어 봤는데도 만점을 못 받았어! 태어나서 제일 열심히 했는데도 이래. 이번 생에 수학은 포기해야 할까 봐."

만점을 기대하며 열심히 공부했다는 민영이의 점수는 92점이었다. 건너편에 앉아 이 이야기를 듣고 있던, 만점을 받은 수진이가 한마디 툭 던졌다.

"7번 풀어 봐. 나는 그랬거든."

위의 짧은 사례처럼 '온전히' 수학 공부에 쏟는 시간은 아이마다 천차만별이다. 아이들이 입버릇처럼 하는 "이번에는 진짜 수학만 했는데"라는 말이 거짓말이 아니라는 걸 안다. 나름 열심히 노력했다는 것도 인정한다. 하지만 자율학습 시간, 책상 서랍을 휘저어 손에 잡히는 학원 숙제를 대충 눈으로 풀고 있는 아이도 본인 기준 열심히 한 것이라는 사실을 간과할 수 없다. 그 '열심히'의 기준이 온전히 본인의 학습 습관과 평소 공부량에 따른 '본인만의 느낌'에 의한 것이기에, 다른 아이들과의 경쟁으로 나타나는 결과는 기대에 못 미치는 것이 당연하다.

초등 교육과정 이상의 수학에서 좋은 점수를 받기 위해 중요한 것은 밀도 있는 공부의 양을 채우는 것이다. '밀도 있는 공부'라는 것은 생각하며 집중력 있게 공부했느냐를 뜻하며, '공부의 양이 찼다'는 것은 교과와 관련된 모든 유형의 문제를 제대로 소화했는가를 말한다. 이것이 넘을 수 없는 벽처럼 느껴지는 수능 킬러문항일지라도, 기출 분석을 토대로 시간을 들여 깊이 있게 공부하면 충분히 해결 가능하다고 입시 전문 수학 강사들이 말하는 이유다.

하지만 방법을 알고 있음에도 중고등학교 수학이 어렵게만 느껴지는 것은 완벽하게 해내기에 그 양이 워낙 방대한 탓이다. 또한 마음먹고 열심히 한다고 해서 쉽게 수준을 높일 수도 없고, 초등 때처럼 풀이 스킬만 익혀서 요령껏 풀 수 있는 문제도 거의 없기 때문이다. 이런 고난도의 입시 수학을 해내기 위해 초등부터 준비해야 할 것은 꾸준히 주어진 시간동안 집중하는 습관 몸에 익히기, 수학 원칙에 맞는 공부 방법 알기, 그렇게 하려는 의지와 자신감이 만들어지도록 노력하는 일이다. 그리고 그 토대가 되는 힘이 바로 '수학주도력'이다.

수학주도력이 중요한 이유

인간은 본인이 하고 싶은 행동을 할 때 행복하다. 직장 회식에 끌려가서 먹는 1++등급 한우보다 연인과 함께 먹는 컵라면이 더 맛있는 이유다. 하지만 아이들은 수학만큼은 자기 주도로 하는 것을 썩 좋아하지 않는다. 스스로 해보지 않았기 때문에 두려운 마음이 크기 때문이다. 중학생들을 보면 그 두려움을 해소해 주는 학원에 온전히 의지한다. 스케줄을 짜주는 것은 물론, 학교별 내신 대비 문제까지 뽑아 시험 준비를 도와주는 학원의 방식을 보면 그럴

만하다 싶다. 하지만 그럼에도 불구하고 '하고 싶어서 하는 것'이
아니다 보니 숙제는 대충 하거나 답을 베껴 가는 것이 대부분이다.

수학주도력이 없으면 본인이 뭘 해야 하는지, 어디가 부족한지
알 수 없다. 본인 파악이 안되니 스스로 할 수 없을 뿐 아니라, 필
요한 학원을 고르기도 어렵다. 그저 남들이 좋다는 학원에 등록은
하나 자신에게 맞지 않으니 따라가기 힘겹고, 투자하는 돈과 시간
에 비해 얻는 것은 많지 않다. 스스로 할 수 없으니 당차게 그만둘
수도 없다. 즉, 수학주도력이 없는 상태에서는 학원을 다니지 않으
면 불안하고, 다녀도 100% 효과를 볼 수 없다. 그렇다면 수학주도
력은 어떻게 만들 수 있는 것일까?

주도력은 계획과 반성이 주 과정이다. 물론 아이의 성향에 따라
계획 세우는 것을 선호할 수도 있고, 그렇지 않을 수도 있다. 하지
만 정해진 기간 안에 본인이 해내야 할 일이 있다면, 본인의 능력
치를 파악하여 시간을 최대한 아끼는 방향으로 계획을 세우고 지
키려는 노력을 해야 한다. 아직 여물지 않은 데다가 성격마저 덤벙
거리며 수학에 관심이 없는 아이라 할지라도, 반드시 초등학생 시
절 갖춰야 할 힘이다.

앞서 다른 요인에 대해서 설명할 때도 말했듯, 이 시기 아이의
행동을 만드는 가장 효과적인 방법은 반복이며, 그 시작점은 바로
반복적으로 아이가 계획에 노출되게 하는 것이다. 즉, 아이에게 수
학주도력을 만들어 주기 위해 부모가 가장 먼저 해야 할 일은 '주

도적으로 일을 계획하고 반성해야 하는 상황에 아이를 노출시키는 것'이다. 계획이라 하니 거창해 보이지만, 사실 우리 삶에 계획이 포함되지 않은 것이 없다. 달력에 일정을 표시하는 것, 매일 해야 할 일을 적어두고 할 때마다 확인하는 것, 할 일을 놓치지 않기 위해 알람을 맞추는 것 등이다. 현재를 파악하고 미래를 계획하며 계획을 지키는 일련의 과정을 보여주고 의도적으로 수학 학습에 대입하는 것, 그것이 부모가 수학주도력을 위해 보여주어야 하는 모습이다.

수학주도력의 기초 : 장기 계획

구체적으로 살펴보자. 수학주도력은 '내 아이의 장기 계획'을 짜는 것에서 시작된다. 물론 우리나라처럼 교육정책이 자주 바뀌는 나라에서 긴 시간의 장기 계획을 세우는 것이 그리 쉬운 일은 아니다. 그러나 요즘처럼 정보가 쏟아지는 시대에 자신만의 기준을 제대로 가지고 있지 않으면 정보에 휩쓸려 다닐 수밖에 없다. 좋은 정보는 귀담아 들어두되, 기준에 따라 필요한 것만 취사선택하기 위해서도 장기적인 기본 로드맵은 반드시 필요하다. 장기 계획이라 해서 고등학교까지의 계획을 짜라는 것은 아니다. 어차피 중학교부터는 아이 스스로 공부해 나갈 것이므로, 엄마가 함께 할 수 있는 초등 기간의 수학 계획이면 충분하다. 평범한 수준의 아이라면 초3~초5 동안 초등학교 수학을 마무리하고, 초6에 전체 복습과 중학교 내용을 시작하는 정도를 권한다. 너무 일찍 상위 학년 내용을 학습해봤자 어차피 금방 잊어버리는 데다가, 아이는 아이 대로 '이미 배웠다'는 사실만으로 학교 공부에 소홀하게 되는 최악의 시나리오를 쓰게 될 가능성이 높아지기 때문이다. 또, 반대로 너무 느리게 하더라도 문제가 생길 수 있다. 적어도 초등수학 만큼은 확실하게 머릿속에 정리를 한 후에 중학교 입학식을 치러야 문제없이 중등수학을 시작할 수 있게 된다.

장기 계획을 세워 두면 매일 학습량에 집착하거나 다른 아이와 비교하는 일은 확실히 줄어든다. 선행을 하는 아이를 봐도 '어차피 우리 아이도 5학년 되면 다 마칠거야', 심화를 하거나 어려운 문제를 푸는 아이를 봐도 '6학년 때 전체 마무리할 때는 수학머리가 자라있을 테니 그때 하면 돼'라는 여유로운 마음을 가질 수 있게 된다. 큰 계획을 세운 후, 문제집을 어느 수준으로 할 것인지, 몇 분 동안 할 것인지, 어떤 강의를 들을 것인지 등의 방법은 이것저것 아이와 함께 시행해 본 후, 아이에게 맞게 수정해 나간다.

<장기 계획의 예>

학년	시기	진도		수준
1학년	학기 중		1	현행 연산
2학년	학기 중		2	현행 연산
	겨울방학		3-1	개념
3학년	1학기	3	3-1	유형
	여름방학		3-2	개념
	2학기		3-2	유형
	겨울방학		4-1	개념
4학년	1학기(집중)	4	4-1	유형
			4-2	개념
	여름방학		4-2	유형
	2학기		5-1	개념
	겨울방학(집중)	5	5-1	유형
			5-2	개념
5학년	1학기		5-2	유형
	여름방학		6-1	개념
	2학기	6	6-1	유형
	겨울방학		6-2	개념, 유형
6학년	1학기	총 복습		심화
	여름방학			
	2학기		중 1-1	개념
	겨울방학	중	중 1-1	유형
			중 1-2	개념

수학 고수의 학습 플래너 참고하기

학교에서 학습 플래너 대회를 주최한 적이 있다. 아이들이 제출한 플래너를 담당부서에 전달하기 위해 내용을 자세히 살펴보던 중, 한눈에도 공부 좀 하는 아이의 것 같은 플래너가 눈에 띄었다. 이 플래너에는 할 공부와 한 공부, 그리고 반성이 깨알처럼 적혀 있었다. 짐작하다시피, 이 플래너의 주인은 바로 수학주도력이 제대로 만들어진 수학 최상위권 아이였다. 아래는 플래너 일부를 복기한 것이다. 비록 고등학생의 플래너지만, 응용해 볼 만한 요소가 있어 가져왔다. 플래너의 특징을 살펴보자.

<장기 계획의 예>

		time	to do	done	comment
집	수학	심화 3문제	15년 기출 22, 29, 30번	30	
자습				22	
1				22	
2				·	
3				·	
4				29	
점심	수학	심화 오답, 개념 정리	아침 복습	·	문제 개념 정리
5			영어 수행		
6			22,29 정리		

	time		to do	done	comment
7				30 정리	
·저녁	과탐		물리	수행	00 빌려줌. 내일 받을 것.
야자	국,영	학원 과제	3월국어모고 정리 학원 과제	모의고사 10~15번, 학원과제	질문
학원			모의고사 질문	질문	구분구적분 개념확인!
집	수학, 수행		학원 복습, 사탐 과제	사탐 과제	과제 제출
평가	학원 복습이 늘어져 취침 2시로				

- 매일 수학 공부 시간이 고정되어 있다. 즐겁지 않은 수학을 매일 하는 것은 상당히 어려운 일인 것을 알고 있기에 '매일 몇 번씩'이라는 암묵적 룰을 만들고 지킨 것이다. 식사 시간처럼 말이다.
- 수학 공부 시간마다 다른 난이도의 문제를 배분했다. 계획을 완벽하게 달성하기 힘들 것을 고려해 매 쉬는 시간을 보충 시간으로 잡았다.
- 구체적인 기록이 인상적이다. '할 것' 뿐만 아니라 '한 것'까지 기록함은 물론, '더 보충할 것'은 형광펜으로 표시해 두었다.
- 계획을 지키기 위해 최선을 다한다. 그날 공부를 마치기 위해

잠자는 시간을 줄이기도 하고, 일찍 달성했다면 누구보다 홀가분하게 논다. 스스로 채찍과 당근을 주며 고삐를 쥐고 가는 모습을 볼 수 있다.

가끔 이런 종류의 스터디 플래너를 쓰고 공부 계획을 세우는 초등 고학년 여학생이 있다. 하지만 전문가들은 초등학생 때는 아직 이런 관리까지는 기대하지 않는 것이 좋다고 한다. 서울대 김붕년 교수는 아래와 같이 이야기했다.

> 아동기까지는 실행 기능을 제대로 발전시킬 수 없습니다. 아동기까지는 지능을 비롯해 주의력, 작업 기억, 언어, 수리 등 개별 능력들을 발전시키는 것에 초점이 맞추어져 있죠. 아동기 때 기본적인 학습에 필요한 인지 능력을 충분히 발달시켜 놓은 후, 청소년기에 들어서면서 본격적으로 이 실행 기능을 발전시키면서 여러 능력을 통합해 장기적 마스터 플랜을 세우고, 실행할 수 있는 능력을 발휘하게 하는 것이죠.[6]

즉, 초3~초5의 시기에는 엄마가 만들어 둔 장기 계획 내에서 체크리스트를 제대로 확인하고, 매일 학습을 완료하는 것으로 성취감을 맛보는 정도면 충분하다. 처음에는 확인으로 시작했지만, 하

---

6 김붕년, 『나보다 똑똑하게 키우고 싶어요』 (디자인하우스, 2019), pp.267

다 보면 과목별로 항목을 하나 둘 스스로 만들 수 있게 되고, 시간을 계획할 수도 있게 된다. 이 시기에 과목별로 주도력을 만들다 보면 아이의 발달에 따라 최종 목표인 플래너를 쓰는 기본 능력도 갖추게 된다.

수학 학습 영역 :
종합적사고력을 만드는 '문제해결력'

✳
✳
✳

모든 일에는 '원칙'과 '방법'이 있다. 쉬운 이해를 위해 '이동'을 예로 들어 보자. 도로법상 보행자는 보행자가 다닐 수 있는 길로만 다니는 것이 '원칙'이다. 원칙을 따라야 사고를 예방할 수 있고 교통도 원활해진다. 어쩔 땐 돌아가는 느낌이 들 수도 있지만, 따르다 보면 결국 가장 빠르고 안전한 길이라는 걸 알게 된다. 단, 육교를 이용할 것인지, 횡단보도를 이용할 것인지, 지하도를 이용할 것인지는 개인의 선택에 따라 달라지며, 이것은 '방법'으로 지칭할 수 있다. 수학도 마찬가지다.

수학 공부 경험이 전무한 아이가 중학생이 되어 그저 '하면 된다'라는 마음으로 덤빌 때 성공 확률이 그리 높지 않은 이유는, 수학 공부의 원칙을 모르는데다 자신에게 맞는 공부법도 찾지 못했기 때문이다. 이들은 수학을 제대로 공부해 보지 않았기 때문에, 주로 다른 과목과 같은 공부 방법인 '암기'로 수학을 시작하는 경우가 많다. 대부분의 과목에 통하는 방법을 사용하여 굳은 의지로 덤비는데도 이들이 빠르게 한계에 부딪칠 수밖에 없는 이유는 수학의 특징 때문이다. 아무리 많은 문제를 외워도 순서를 살짝 뒤집거나 두 개를 붙여 놓는, 조금이라도 변형된 문제는 완전히 다른 것이라고 인식 되니 말이다. 노력이 허무해지는 상황이 몇 번 반복되면 완전히 수학과 멀어지게 될 수밖에 없다.

수학을 잘하는 것이 목적이라면 잘하는 사람의 공부 방법을 무작정 따라할 것이 아니라, 처음 수학을 시작하는 초3부터 '수학을 공부하는 원칙'이 무엇인지 알고 그에 따라 공부하는 법을 익혀야 한다. 원칙에 충실하려 애쓰다 보면 본인의 스타일과 성향에 맞는 '방법'을 찾을 수 있게 되고, 거기에 엉덩이의 힘 즉, 반복을 더하면 제대로 성과를 낼 수 있다.

수학 공부 원칙과 문제해결력

전문가나 선배들이 흔히들 제시하는 '이렇게 공부하라'는 것을 자세히 들어보면 대부분 '방법'에 관한 것임을 알 수 있다. 공부 방법이라는 것은 개인에 따라 각각 다를 것이기에 무턱대고 따라한다고 효율이 높아지지 않는다. 수학 공부 방법은 각 가정의 상황에 따라, 아이의 성향에 따라, 아이의 집중도에 따라 달라져야 한다. 그 방법이라는 것이 무엇인지 감이 잡히지 않는다면 아래 예를 통해 확인해 보자.

- 문제집 1권 여러 번 반복 풀기 vs 문제집 여러 권 1번씩 다양하게 풀기
- 일단 선행 후 복습 vs 현행에 집중하여 반복
- 연산 우선 vs 심화 우선
- 하루 20분씩 2회 vs 하루 40분씩 1회
- 학원 강의 들은 후 복습하기 vs 스스로 풀이 후 해답 강의로 확인하기
- 매일 오답 vs 그 다음날 오답 vs 일주일치 모아서 오답
- 개념 자신의 말로 정리하기 vs 백지에 써서 확인하기 vs 다른 사람 가르쳐 보기

방법은 절대적이지 않다. 아이의 성향에 맞는 것으로 일단 시도한 뒤, 효과가 좋은 것으로 최종 선택하면 된다. 그렇다면 이보다 우선해야 할, 수학을 잘하기 위해서는 반드시 따라야 하는 '수학 원칙'은 무엇일까? 먼저 수학의 특징을 알게 되면 원칙이 눈에 보일 것이다.

〈수학의 특징: 수학은 문제 풀이가 전부인 과목이다〉

- '문제를 풀어내기 위해' 기본 개념을 익혀 정리한다
- '문제를 읽으며' 출제자의 의도를 파악한다
- '문제에 맞는' 개념을 찾는다
- '문제에 맞는' 아이디어를 생각해 낸다
- '풀이 과정에' 오류가 생기지 않도록 정확하게 답을 쓴다

이 내용을 단계별로 확인해 보자.

〈문제 풀이의 4단계 원칙〉

① 준비 단계: 개념이해

② 시작 단계: 문제의 뜻 이해, 출제자의 의도 파악

③ 핵심 단계: 사용할 개념 찾기, 문제에 적합한 풀이 아이디어 찾기

④ 정리 단계: 신속·정확한 풀이, 아이디어 정리

'준비 단계'에서는 개념을 잘 이해한 후, 본인만의 카테고리를 만들어 정리해 두어야 한다. 꺼내 쓸 개념이 제대로 정리가 되어 있지 않다면 풀이는 시작할 수조차 없다. 막 이사한 집에서 당장 내일 신을 양말을 찾지 못하는 상황이 연출되는 것이다. 언제 어떤 문제와 맞닥뜨리든 개념이 깔끔하게 머릿속에 정리되어 있다면 풀이의 첫 줄을 시작하는 데 무리가 없다.

'시작 단계'에서는 문제를 읽고 출제자가 뭘 묻는지, 뭘 구하라는 건지를 알아차려야 한다. 준비 단계에서 개념이 숙지되고 정리되었다면 문제를 이해하는데 큰 어려움은 없다. 단, 문제에서 말이 길어지거나 수학식으로의 변형이 어렵다면 이에 맞는 초등식 훈련이 필요하다. 문제에 나온 글을 이해하지 못한다고 해서 독서가 필요한 것이 아니다. 수학은 수학에 맞는 연습을 해야 한다.

'핵심 단계'에서는 '준비 단계'에서 정리해 두었던 머릿속 개념 방에서 문제에 알맞은 개념을 꺼내와야 한다. 그리고 문제가 풀릴 만한 아이디어를 떠올려 수학식으로 정확하게 표현할 수 있어야 한다. 문제해결력에서 가장 중요한 단계이며 끈기와 의지가 필요하다.

'정리 단계'에서는 이전 단계에서 세운 식을 빠르고 정확하게 풀고, 혹 틀렸다면 다시 도전해야 한다. 그리고 틀린 문제는 반드시 다시 되짚어 보아야 수학 실력이 상승한다.

문제해결력은 위 각 단계에서 필요한 각각의 힘을 합쳐서 명명한 것이다. 중고등에 가서 수학문제를 '많이', '제대로' 풀 수 있으려면, 초등 때 수학 원칙에 의한 문제해결력을 제대로 익혀야 한다. 초등부터 수준에 맞게 단계별로 연습하여 숙달시켜야 중고등 수학에서 암기로 승부하려는 무모한 일은 하지 않을 수 있다.

평생 문제해결력을 좌우하는 초등수학

중고등학교 수학 내신시험에서 서술형 문항은 50%이상 출제해야 한다. 학교에 따라 70%이상인 곳도 있다. 서술형 문항은 많은 내용을 논리정연하게 써야 한다는 압박에 아이들이 부담스러워하는 경향이 있지만, '종합적사고'가 가능하다면 객관식 문항보다 더 많은 점수를 받을 수 있다.

종합적사고란 다양한 정보를 활용해 대상 사이의 관계를 알아낸 다음, 새로운 전체를 파악해 내는 고차원적 사고의 한 형태다. 종합적사고력이 뛰어나면 문제 자체에만 함몰되지 않고, 문제 밖의 조건을 종합해 해결 과정을 제시할 수 있다.

중학교 2학년, 일차 함수부터는 식(함수)과 그래프(기하)를 동시에 다루는 종합적사고력이 필요하다. 초등수학 교과서 구성이 '수와 연산 → 도형 → 수와 연산 → 규칙성 → 측정 → 자료와 가능성' 등의 순서로 골고루 섞여 있는 이유도 여러 영역을 연계하여 생각할 수 있게 만들기 위함이다. 하지만 초등 때부터 개념에 대한 아무런 고민 없이 연산 속도만 올리며 공부하는 대부분의 아이들은 이런 종합적사고가 힘들다. 반쪽짜리 풀이를 하며 한계를 느끼게 되지만 갑자기 사고를 확장하기란 쉽지 않다. 결국 종합적사고가 필요한 풀이는 암기할 수밖에 없다.

초등 교과서에서 이 종합적사고에 관련한 부분을 살펴보자. 곱하기를 처음 배울 때 대부분의 아이들은 2+2+2 = 2×(3) = (6)등의 식에서 괄호 채우기를 하며 숫자 다루기를 연습한다. 이때 그래프나 그림이 나오는데, 이는 이해를 돕는 역할을 할 뿐 아니라 종합적사고를 가능하게 하기 위한 목적도 있다.

서울대 박영훈 교수는 교과서 속 그림의 중요성에 대해 아래와 같이 말한다.

> 저학년 수학 교과서 속의 삽화는 무시해서도 안 되고 함부로 삭제해서도 안 된다. 그것들은 아이들의 흥미를 유발하기 위한 부가적 요소가 아니라 텍스트가 전하지 못하는 내용들을 담아내는 필수불가결한 요소다.[7]

분수 연산도 마찬가지다. 교과서에서는 다음과 같은 방식으로 개념 도입부부터 종합적사고를 위한 그림이 제시된다. 이 그림을 아이가 스스로 그릴 수 있다면 통분의 의미는 완벽하게 이해한 것으로 볼 수 있다.

7　박영훈, 『당신의 아이가 수학을 못하는 진짜 이유』 (동녘, 2015), pp.217

$\dfrac{1}{3} + \dfrac{1}{4}$ 은 어떻게 계산할 수 있는지 알아봅시다.

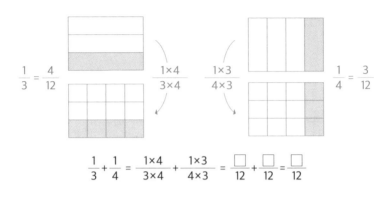

$$\frac{1}{3} + \frac{1}{4} = \frac{1\times4}{3\times4} + \frac{1\times3}{4\times3} = \frac{\square}{12} + \frac{\square}{12} = \frac{\square}{12}$$

이처럼 교과서에 개념과 그림이 함께 제시된다면, 아무리 사소해 보이더라도 그림이 의미하는 바에 대해 짚어보고 지나가야 한다. 그림을 그리는 것까지는 아니더라도, 최소한 교과서에 나온 그림에 대해 생각해 보고 지나가는 습관을 만드는 것은 사고력 문제집을 푸는 것만큼이나 효과가 있다. 하지만 대부분의 아이들은 이런 그림을 배경삽화 정도로만 생각해 버린다. 어릴 때부터 계산식에만 집중하는 것이 습관이 되면, 수능시험에 나온 그래프조차 곁눈질로 지나칠 수밖에 없다. 킬러문제의 결정적인 힌트는 그래프에 숨어있는 경우가 상당수인데도 말이다. 수능이 닥쳤을 때 당장 할 수 있는 일은 최대한 많은 문제를 풀어서 다양한 유형에 익숙해지는 것이지만, 그 시간을 최대한 단축시키는 종합적사고력은 단기간에 만들어지지 않는다. '초등 버릇 고등까지 간다'는 말은 수학문제에 대해 사고하는 방식에 적용되는 말이다. 초등 때부터 의식적으로 종합적사고 방법을 연습한다면, 필요한 때가 되었을 때 무의식적으로 사용할 수 있다.

문제해결력의 기초 : 수학 번역 연습

'문제해결력'은 앞서 설명했듯 수학 원칙에 따라 문제를 풀어낼 때 쓰이는 능력이다. 여기서는 본격적으로 수학문제 풀이를 시작하기 전, 필요한 기초 활동에 대해 알아보자.

〈준비 단계(개념이해) 이후 문제해결의 과정〉

① 시작 단계에서는 문제에 쓰여진 한글이 무슨 뜻인지를 이해하고

② 핵심 단계에서는 그 내용을 수학식으로 만들어 내며

③ 정리 단계에서는 그 식을 수학적으로 풀이한다

그렇다면 이 단계들이 매끄럽게 굴러가기 위해 어떻게 준비해야 할까.

〈문제해결의 단계와 훈련방법〉

① 시작 단계 : 한글 이해력(독서)

② 핵심 단계 : 식 세우기(집중 훈련)

③ 정리 단계 : 풀이(연산 연습)

　'시작 단계'에서는 한글을 이해할 수 있어야 하기에 독서가 뒷받침되어야 한다. 마지막 '정리 단계'에서는 신속 정확한 풀이를 위해 꾸준한 연산 연습이 되어야 한다. 그러나 '핵심 단계'는 아이들이 가장 많이 힘들어 하지만 별다른 왕도가 없다. 한글을 수학식으로 바꾸어 생각하는, '번역'에 버금가는 이 단계에서 필요한 것은 많은 문제 풀이 경험이다. 그저 많이 해보는 것 외에 다른 방법이 없기 때문에 '수학=연산'이라고 생각하며 계산 연습만 열심히 한 아이들에게는 더욱 힘들게 느껴진다. 많이 풀어보아야 감을 잡을 수 있지만, 양만 늘린다고 쉬워지는 것도 아니기에 더 답답하다. 하지만 방법이 아주 없는 것은 아니다. 높은 계단을 단번에 오르기 힘들 때, 중간 높이의 디딤돌을 놓아주면 한결 수월한 것처럼 여기에도 중간 단계에 해당하는 것이 있다. 이전에 언급한 종합적사고력을 이용한 방법, 바로 '그림'이다.

　문제해결력이 월등히 좋은 아이는 글로 적혀 있는 문장을 읽으

면서 그 내용을 구체적으로 상상하는 것이 자연스럽다. 누가 시키지 않아도 과학 실험책이나 요리책을 읽으며 머릿속에서 3D로 시연한다. 상상이 되기 때문에 문제에서 말하는 바를 정확하게 파악할 수 있고, 그에 적합한 식도 만들 수 있다. 하지만 기질적으로 이런 상상이 익숙하지 않은 아이도 있다. 이런 경우 초3이 되기 전, 의도적으로 '상상 훈련'을 시켜보는 것을 추천한다.

<상상 훈련 예시>

예 : [휘어지는 물]

1. 빗처럼 작은 플라스틱 물건이 필요해요. 빗으로 머리카락을 위아래로 몇 초 동안 문질러봐요.

2. 그런 다음 싱크대로 가서 수도꼭지를 틀어 곧고 좁은 물줄기를 흐르게 해요. 빗을 쥐고 직접 물에 닿게 하지는 말고, 물줄기의 한쪽에 대요. 물이 빗을 향해 휠 거예요.

[1단계]

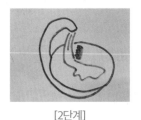

[2단계]

예시 지문 출처: 애나 클레이본, 『신기하고 요상한 과학의 발견 73』 이은경 옮김 (다연, 2022), pp.86

과학에 관심이 있다면 실험책에 적혀 있는 설명을 읽으며 실험 과정을 구체적으로 그려보게 하는 것이다. 주중에 그린 그림을 모아두었다가 주말에 그 그림을 토대로 실험을 하면, 아이는 그림이 정확할수록 실험 완성도가 높아지는 것을 체험하게 된다. 그리고 그 다음 주에는 더 자세하고 구체적으로 그림을 그리려고 노력한다. 과학 실험에 썩 관심이 없다면 아이의 관심 분야와 관련된 것을 찾아보는 것도 좋다. 처음부터 수학문제로 접근한다면 거부감이 생길 수 있지만, 관심있는 분야에서 연습을 충분히 한 후에 자연스레 수학으로 이어지도록 유도하면 부담을 줄일 수 있다.

수학 학습 영역:
수학 고득점을 만드는 것은 '연산력'이다

✳
✳
✳

    어느 해 대학수학능력시험 감독을 갔을 때의 일이다. 2교시 수학 영역 시간에 들어간 교실은 사복을 입은 수험생들로 가득했다. 재수생이 모인 시험장이라는 것을 단박에 알 수 있었다. 시간이 되어 본령이 울렸고, 수험생들은 다들 고개를 숙인 채 연필을 분주하게 움직였다. 그런데 맨 앞자리 수험생의 행동이 조금 이상했다. 맨 앞장 2, 3점짜리 4문제를 피아노의 '조금 느리게' 박자로 딱딱딱딱 답을 체크한 후 다음 장을 펼치는 것이었다. 풀이도 없이, 그 흔한 계산 과정 하나 없이 말이다. 그 행동만으로는 수험생의 의도가 '포기'인지 '노련함'인지 알 수 없었다. 모든 수험생의 수험표를 확인한 후 감독관 자리로 돌아오니 15분가량이 흘러 있었다. 그 수험생은 포기가 아님을 알려주듯 20번 문제를 풀고 있었다. 마지막 30분 정도는 예상대로 킬러문항에 집중했다. 분명 수능시험이었다. 첫 4문제가 아무리 단순 연산문제여도 10초 내외의 시간만으로 해결했다는 것은 시간 배분을 철저히 계획했고, 그것이 가능할 정도의 연산력을 갖추었다는 뜻이다. 그 수험생의 최종 점수를 확인할 길은 없었지만, 언뜻 눈으로 확인해 보기에도 상당히 정확한 풀이를 쓰고 있었던 것으로 보아 고득점을 했음이 분명했다.

입시에서 고득점을 하기 위해서는 연산력이 필요하다. 물론 고등학교 수학에서 내용만 집중해 보면 연산이 그리 큰 부분을 차지하지 않는 것처럼 느껴지기도 한다. 고등수학 문제에서는 알맞은 개념과 아이디어를 생각해 내는 것이 핵심이기 때문이다. 하지만 결과적으로 봤을 때 연산력이 뒷받침되지 않고서는 좋은 결과를 기대할 수 없다. 수학 시험 결과는 결국 정확한 답을 빠른 시간 안에 적어내는 것에서 좌우되기 때문이다. 하지만 고등수학에서는 무수한 유형을 정복해야 하는 것에 집중해야 하기 때문에 연산은 초등, 중등수학에서 완성해 두는 것이 여러모로 유리하다.

매일 연산의 효과

중학교 내신 시험에는 어려운 문제를 거의 출제하지 않는다. 중학교 시험은 아이들을 줄 세울 필요가 없는 절대평가인데다가, 수업에 비해 시험이 과하게 어려우면 사교육을 부추기는 꼴이 되기 때문이다. 하지만 그래도 시험이니 변별력은 있어야 하기에 어쩔 수 없이 문제의 개수를 조정하게 된다. 정해진 시험 시간 동안 더 많은 문제를 풀게 함으로써 체감 난이도를 높이는 것이다. 이런 이유로 중학교에서 내신 상위권을 차지하기 위해서는 반드시 '신속 정확'하게 푸는 능력을 갖춰야 한다. 이 신속 정확의 중요성을 아는 일부 학원에서는 시험 시간의 절반으로 타이머를 맞춰 아이들을 훈련시키기도 한다. 그러나 연습 몇 번으로 속도가 갑자기 빨라지기는 어렵다. 신속 정확한 풀이를 위해 실전 연습보다 더 중요한 것은 오랜 기간 꾸준히 지속해온 연산 훈련이다. 중요하지만 결코 단기간에 완성되지 않는 것이기에 연산은 초등 때부터 체계적으로 훈련해야 한다.

연산력은 쉬운 계산문제를 빨리 풀게 돕는 역할만 하지 않는다. 사람의 뇌는 어떤 활동을 할 때 최대한 간단하게 움직이도록 노력한다. 그렇기에 꾸준히 연산을 하다 보면 그 내용에 대해 좀 더 간편하고, 빠르게 풀이하는 법을 찾게 된다. 이 과정에서 인지 능력은 향상되며 매우 중요한 순간, 즉 '신속 정확'을 발휘해야 하는 그 시점에 본능적으로 그 힘을 발휘할 수 있게 된다.

수업시간 아이들에게 문제 풀이를 시켜보면 다른 아이들의 세 배 속도로 문제를 푸는 아이들이 있다. 그리고 그 모습에서 그들이 평소에 어떻게 공부하는지 눈치챌 수 있다. 351이 27의 배수임을 한눈에 아는 것은 '매일 하는 연산'이 아니고서는 생길 수 없는 수학적 센스이기 때문이다. 게다가 '연산을 잘한다'는 사실은 특히 초등 아이들에게 근거 있는 자신감을 만들어 준다. 초등수학에서는 수와 연산 영역이 많은 부분을 차지하고 있기 때문이다. 학교에서 '수학 잘하는 아이'로 불리는 데서 오는 자신감은, 이후 문제 풀이에서 어려움을 만날 때 엄청난 힘이 되어 준다. 초등수학에서는 '자신감과 바른 습관이 전부'라는 사실을 고려할 때, 연산력은 결코 간과해서는 안 될 중요한 힘이다.

연산 집중 훈련이 필요한 이유

시험이 끝나고 답안지 확인을 하는 과정에서 한두 명의 아이들이 꼭 하는 말이 있다.

"앗, 이거 실수했어요! 진짜 다 아는 거였는데!"

문제를 빨리 풀어내야 하는데다 긴장감 또한 최대치인 시험 시간이니 그럴 만도 하다. 하지만 최상위권이 되기 위해서는 시험 시간만큼은 실수가 없어야 한다. 아니, 실수를 안 하는 것뿐만 아니라 자신의 최고치를 쏟아내는 동시에 운도 따라줘야 노력 대비 최고의 성적을 받을 수 있다.

실수 없이 최고치까지 실력을 끌어 올리기 위해 가장 필요한 것은 기본체력이다. 이 기본체력을 쌓기 위해 매일 연산과 함께 해야 할 것이 '집중 훈련'이다. 수학에는 머리와 눈으로 아는 것을 넘어 손에 익혀야 하는 내용이 있다. 이런 내용들은 충분한 기간을 잡고 집중적으로 연습해야 한다. 확실하게 손에 익히지 않고 방법만 대충 알고 넘어가면 약간 복잡한 문제를 만나도, 다음 단계의 진도를 나갈 때도 그 부분에서 걸리고 만다. 속도도 느려지고 이해도도 낮아진다. 처음 수학을 배울 때부터 이런 것들을 따로 훈련해 두면 문제 풀이를 할 때 날개를 하나 더 다는 것과 같은 효과를 누릴 수 있다. 시기별로 필요한 집중 훈련의 내용은 뒤에 나올 실전편에서 따로 정리했다. 연산을 하는 중간중간 시기를 놓치지 말고 챙기자.

연산력의 기초 : 초등 연산

30년 전 국민학교에서는 수학이 아닌 '산수'라는 과목을 배웠다. 초등학교에서 배우는 내용이 단순한 숫자 다루기처럼 여겨져서 그렇게 이름을 붙인 것으로 보인다. 그리고 그 산수와 비슷한 뜻으로 사용하는 요즘 말이 바로 '연산'이다. 언뜻 보면 연산은 정말 단순하게 느껴진다. 새로운 기호를 도입하고, 그 기호를 사용하는 방법에 대해 알려주는 것이 전부인 것처럼 생각하는 사람도 있으니 말이다. 하지만 연산을 익히는 과정을 통해 아이들은 수학의 기본 논리를 습득한다. 본인이 의도하건 하지 않건 간에 말이다.

초등학교 1학년에서 배우는 덧셈을 예로 들어 보자. 1학년들은 1+2=3 이라는 내용을 구체물(교구나 바둑돌 등)로 시작하여 '모으기' 기법으로 배운다. 그 후 □를 사용하고, 뒤집어서 역연산의 개념을 익힌다. 이 역연산의 논리는 중학교 1학년에 다시 나온다. 중1 수학 '음수를 포함한 식을 계산하는 법'에서, (어떤 수) – (음수)는 아래와 같은 방법으로 설명한다.

<(어떤 수)-(음수)의 경우>

(-1)+(-1)=-2는 덧셈과 뺄셈의 관계를 이용하여 (-2)-(-1)=-1로 나타낼 수 있다.

그런데 (-2)+(+1)=-1이므로 (-2)-(-1)=(-2)+(+1)이다. 즉, – 2에서 – 1을 빼는 것은 -2에 +1을 더하는 것과 같다.

즉, 정수에서 0이 아닌 정수를 뺄 때는 빼는 수의 부호를 바꾸어 더한다.

맨 첫 줄의 설명을 자세히 보면 초1에서 배운 역연산에 근거한 것이라는 것을 쉽게 알 수 있다.

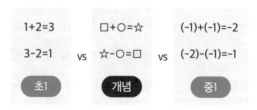

초등수학의 수와 연산 영역에서 기본 개념을 하나하나 이해해 가며 공부를 해 두면, 중고등수학이라고 해서 갑자기 어려워지는

일은 없다. 다시 한번 강조하지만, 연산에서 만나는 기본 개념은 '간단한 것'이 아니라 '중요한 것'이며 이를 제대로 짚고 넘어가야 하는 시기가 바로 초등이다.

의지와 학습을 잡아주는
수학 시스템이 필요하다

✳
✳
✳

'엄마의 수학 공포심' '아이의 게으름' '너무 익숙한 환경'

학원 수강 여부에 상관없이 집에서 수학을 공부시키는데(이하 '집수학') 장애물이라 생각되는 것들이다. 하지만 '중고등학생 때의 수학 자립'에 초점을 두어 생각해 보면 이것들은 방해가 아닌, 반드시 필요한 요인이다. 습관과 공부 태도, 그리고 주도성의 중요성을 알고 있는 초등 선생님들이 집에서 수학 공부 챙기기를 권하는 이유다.

수학 시스템을 위한 4가지 원칙

집수학은 다이어트에 비유할 수 있다. 좋은 건 알지만 하기 힘들다는 측면에서디. 이런 활동을 성공시키는 방법은 두 가지가 있는데, 하나는 아주 독해지는 것 즉, 본능을 이기는 의지를 가지는 것이고, 다른 하나는 의지가 필요 없는 시스템을 만드는 것이다. 날렵한 몸매를 유지하는 사람들을 관찰해 보면 둘 중 하나다. 살이 조금이라도 찌면 바로 굶는 의지를 가졌거나, 아예 소식하는 식습관을 굳힌 경우다. 결과만 추구한다면 뭐든 상관없겠지만, 과정에서 에너지가 덜 드는 쪽은 후자다. 초등 저학년이 수학 공부에 굳은 의지를 가질 리 만무하니 고민할 것도 없이 집수학도 당연히 후자의 방향으로 가야 한다. 그렇다면 집수학 시스템이 안정적으로 정착되기 위해서는 기본적으로 어떤 것들을 고려해야 할지 살펴보자.

● 적절한 빈도 지키기

무리해서 하거나 '마음먹고' 하는 수준이면 시스템이 일상에 정착될 수 없다. 주중에 열심히 일했는데 주말마저 초과근무를 하라고 하면 기운이 쭉 빠지는 것처럼 말이다. 초등학생 수학 공부의 적절한 빈도는 '학교 가는 날은 으레 하는 것' 정도면 충분하다. 방학을 제외하고 학교 쉬는 날은 쉬고, 가는 날은 하는 것이다. 중학생이 되면 수행평가나 학원으로 맘 편히 쉴 수 있는 날이 많지 않으니, 초등 때 일상에 수학을 넣는 작업은 하되 에너지는 비축해두는 것이 좋다.

• 예외 인정하지 않기

가끔은 평일에도 모임이 생길 수 있다. 집수학 시스템이 진짜 일상에 스며들기 위해서는 그런 '예외가 당연해 보이는 날'을 조심해야 한다. 예외를 인정하느냐, 그럼에도 불구하고 한 문제라도 풀고 지나가느냐의 차이가 시스템 구축의 성패를 가른다. 예외인 하루가 생기면, 예외가 인정되는 일상이 시작되는 것이다. 경험을 되짚어보아 예외를 만들지 않아야 하는 가장 큰 이유는 후유증이다. 예외적으로 하루를 쉬고 난 다음날은 심각한 후유증을 앓을 수밖에 없다. 제대로 시스템이 몸에 배지 않은 상태에서 다시 공부를 하려면 첫 시작보다 2배 이상의 에너지가 요구된다. 다시 원점으로 돌아가 동기부여를 해야할 때도 있고, 어쩔 때는 보상을 더 강화해야하기도 한다. 첫 후유증의 강도는 2배지만 그 다음은 4배, 그 다음은 8배의 느낌이다. 감당할 자신이 없다면 처음부터 예외는 두지 않는 편이 여러모로 이롭다. 아이가 너무 힘들어 하는 날이라면, 그날 쉬고 주말에 메울지 지금 조금이라도 할지 아이가 선택하게 하자. 평범한 아이라면 주말까지 공부하는 것보다 지금 하는 것을 택할 가능성이 높다.

• 올림픽 정신 유지하기

근대 올림픽의 창시자 피에르 드 쿠베르탱(Pierre de Coubertin)은 "올림픽에서 가장 중요한 것은 이기는 것이 아니라 참가하는 것이다"라고 했다. 집수학에도 이 올림픽 정신이 필요하다. 앞서 말했듯 '하는 것'에는 예외를 두어선 안되지만, '얼마나 어떻게 하느냐'는 것에는 융통성을 두어야 한다는 뜻이다. '의욕이 넘치는 날에는 시작하지 마라'라는 말처럼, 의욕이 넘치는 상태에서 정한 양을 컨디션이 좋지 않거나 일이 생길 때마저 지키는 것은 상당히 어렵다. 그러니 힘든 날은 '수학 공부에 참가하는 것'에 의의를 두고 기준선만 지켜내는 것으로 유연하게 양을 조절하는 것도 필요하다. 아주 적은 양이라도 하다 보면 어느새 평소 양만큼 하게 될 수도 있고, 조금이라도 걸으면서 버티고 있어야 컨디션이 올라올 때 전력으로 달리는 것이 가능해진다.

● 워밍업 시간 가지기

모든 일이 그렇듯 수학 시간에도 워밍업이 필요하다. 게다가 어릴수록, 컨디션이 저조할수록, 수학에 대한 감정이 좋지 않을수록 시작이 힘들다. 짜증을 내고 투덜거리며 때로는 드러눕기도 한다. 하지만 5~10분 정도 모래시계를 이용하여 아이가 인지할 정도로 기다려 주면 아이는 서서히 본인의 컨디션으로 돌아온다. 때로는 그 워밍업 시간을 놓치는 바람에 시스템 만들기에 실패하는 경우도 있다. 아이의 불량스러운 태도에 반응하지 말고 옆에서 오늘 할 문제를 읽어보며 조용히 기다려 주자. 엄마의 버럭 한 번과 아이의 수학 공부 한 시간을 바꾼다고 생각하면 엄마 본인도 모르게 입을

꾹 다물게 될 것이다.

엄마의 관리는 '초등까지'가 유효기간이다. 중학생이 된 후에는 엄마가 공부의 '공'자만 입에 올려도 아이는 책을 덮는다. 초등 때 조금만 노력을 기울여 집수학 시스템을 만들어 두면, 중학생이 되어서도 "공부 좀 해라"거나 "수학 숙제는 다했니?" 등의, 아이도 엄마도 괴로운 말을 하지 않아도 된다. 중고등 상위권 아이들 대부분의 일상에 수학 시스템이 자리 잡혀 있다는 걸 생각해 볼 때, 집수학 시스템을 만드는 작업은 이 책을 펼친 학부모에게는 선택이 아니어야 한다.

수학 시스템으로 어떤 부분을 키울 수 있을까

수학머리를 키우기 위한 수학 공부는 2종류로 진행한다. 문제해결력을 위한 '교과수학' 그리고 연산력을 위한 '연산 훈련'이다. 문제해결력을 키우기 위해 교과 문제집을 푸는 과정에서는 '바르게 수학 공부하는 법'을 연습한다. '개념 정리 → 문제 해석 → 문제 해결 → 아이디어 정리 → 오답 확인'의 과정으로 진행되며, 한 학기에 교과서와 기본 문제집 한두 권 정도의 양이면 충분하다. 연산력을 키우기 위해서는 매일 연산 문제집을 풀고, 필요한 시기에 맞춰 '집중 훈련'을 한다. 이를 바탕으로 혼자 공부하는 경우와 학원의 도움을 받는 경우로 나누어 집수학 시간에 공부할 내용을 구체적으로 알아보자.

• 혼자 공부하는 경우 : 교과 영역

신중하게 시간을 정해야 한다. 아이와 충분한 이야기를 나눈 후, 여러 후보 시간을 정해 본다. 엄마가 집에 있다면 하교 후, 종달새형이라면 아침시간 등 여유로울 것 같은 시간을 정하고 일주일씩 진행해 본다. 일찍 일어나는 습관이 있더라도 그 시간에 머리가 잘 돌아가는지 여부는 직접 해보지 않고서는 알 수 없다. 아침은 집중이 잘되어서 좋지만 오래 고민하기에는 마음이 바쁠 수 있다. 저녁은 할 일을 다 마친 후라 마음은 여유로울 수 있지만 피곤할 수 있다. 가능한 여러 시간에 시도해 본 후 엄마와 아이 둘 다 충분히 마음의 여유를 가질 수 있는 시간을 선택해야 일상이 될 수 있다. 각 사정에 맞게 '저녁 8시' 또는 '하교 직후', '독서 시간 직후' 등으로 시간을 정했다면 그 시간을 기준으로 하루의 나머지 루틴을 정한다. 항상 마음을 바쁘게 하는 학교 숙제, 수행 과제 연습, 독서 기록장 등록, 가방 챙기기, 일기 쓰기 등은 해당 시간을 따로 정해두면 좀 더 효율적이고 체계적으로 일상에 스며들 수 있다.

교과 수학의 진도 기준은 학교 수학이다. 학교에서 수업시간에 집중하기 위해서는 약간 앞선 예습이 필요하기에 학교에서 나가는 진도보다 한두 단원 빠르게 진행하는 것이 좋다. 아이의 습득 능력이 탁월해서 학교 진도와 1학기 이상 차이가 난다면, 약간 높은 수준의 문제집을 한두 권 더 풀며 진도를 맞추는 것이 좋다.

● 혼자 공부하는 경우 : 연산 영역

연산은 매일 10분 이내, 20문제 정도면 적당하다. 저학년 중에서는 간혹 연산할 때마저 엄마가 함께 있어야 하는 아이도 있는데, 시간이 부족하다면 엄마가 앉아서 집안일 하는 시간을 이용하거나, 독서 시간이나 식사 시간 직전에 다 같이 하는 식으로 운영하는 것도 좋다.

연산은 학교에서 나가는 진도와 비슷해야 한다. 잘 잊어버리는 아이에게 복습 효과도 낼 수 있고, 학교 수업시간에 자신감을 가지고 임할 수 있다. 연산으로 선행을 나가는 것은 기계적으로 푸는 법만 외우게 될 가능성이 높아지며 그것이 또다른 습관으로 자리 잡는 경우가 생기기에 권하지 않는다.

연산 문제집은 연산만(단순 계산만) 계통식으로 나열된 종류와 교과 진도에 따라 단원에 필요한 연산을 묶어 둔 종류가 있다. 되도록 후자를 고르되, 단순 사칙연산 위주인 문제집은 아이가 특별히 부족한 부분이 있을 때 보충하는 식으로 이용하는 것이 좋다. 또한 연산 문제집에서는 교과의 모든 부분을 다루는 것이 아니기에 정한 문제집에 더하여 따로 연습해야 하는 부분도 있다. 이 훈련은 연산 문제집 사이사이, 필요한 단계에서 챙긴다.

● 학원의 도움을 받는 경우 : 교과 영역

학원에서 교과수학을 하고 오는 경우라면, 배운 내용을 제대로 인지했는지 확인해야 한다. 물론 학원에서 테스트 결과를 보내오기도 하지만, 테스트 결과는 아이가 '제대로 알았다'는 것보다는 '답을 맞혔다'는 사실을 보여줄 뿐이다. 학원과 긴밀히 소통은 하되 테스트 결과에 너무 연연하지 말고 '엄마가 계속 관심을 가지고 체크한다'는 것을 아이가 느끼게 하는데 목표를 두자. '제대로 알았다'는 것을 완벽하게 확인할 방법은 하나하나 확인하는 것밖에 없다. 하지만 그렇게 되면 집에서 하는 것만큼의 에너지가 든다. 엄마와의 관계 회복을 위해 학원을 간 경우라면 더 큰 부작용을 만들 수도 있고, 시간이 없는 엄마에게는 불가능할 수도 있다. 그러니 시간이 되어 자리에 앉으면 학원에서 공부하고 온 문제집에서 임의로 두세 문제를 골라 설명해 보게 하는 정도면 충분하다. (틀린 문제는 학원에서 관리할 것이니)아이에게 동기부여가 되도록 맞춘 문제를 묻는 편이 더 좋다. 완벽하지 않아도 수고했다는 칭찬과 함께 숙제나 복습할 시간을 마련해 주면 된다.

아이를 학원에 보내는 엄마들이 하는 소리가 있다. "숙제는 알아서 해야지. 왜 엄마가 이것까지 챙겨야 해!" 알아서 안되니 학원을 간 것이다. 알아서 하는 아이라면 상을 주는 것이 마땅할 정도로 초등은 '알아서 안 하는 것'이 기본값이다. 안 하는 것에서 하는 것으로 변경하는 중임을 되뇌며 숙제에 집중할 수 있는 시간을 정하고, 분위기를 만들어 시스템을 설정하자. 숙제를 할 때는 부모가 옆에 함께 앉아 있는 것이 좋은데, 너무 힘들어 한다면 엄마의 재량으로 조금 양을 줄여주고 학원 선생님과 조율하는 것도 필요하다. (초등학교 고학년만 되어도 숙제가 본인의 능력에 과하다 싶으면 문제집 해답지를 인터넷에서 다운 받거나 수학문제 풀이 앱을 이용하여 베끼는 경우도 많다. 시간 낭비 돈 낭비 에너지 낭비인 일은 사전에 방지하자)

• 학원의 도움을 받는 경우 : 연산 영역

혹시 시간이 부족해서 연산까지 봐주기 힘든 경우는 학습지의 도움을 받는 것도 나쁘지 않다. 경험상 교과나 연산 중 하나는 다른 이의 도움을 받는 것이 아이와 엄마, 서로의 부담을 줄여주는 것 같다.

학습지를 고를 때는 시작 전에 분량 조절이 가능한지부터 확인한다. 미리 확인하지 않으면 20분을 훌쩍 넘길 정도로 양이 과하기도 하고, 진도가 교과와 맞지 않는 경우도 있다. 처음부터 진도 조절에 대해 이야기해야 선생님과 트러블도 막을 수 있고, 아이도 에너지를 아낄 수 있다. 연산은 매일 가볍게 하되, 일주일에 한 번 정도 시간을 체크해 너무 느리지 않은지, 정확하게 푸는지 확인하는 정도로 한다. 학습지의 도움을 받는 경우는 진도가 정해져 있으니 '집중 훈련'은 방학을 이용하거나 자투리 시간을 이용하여 넣어주자. 특별 보상을 함께 준비하면 더욱 좋다.

수학 시스템을
우리 집에 적용하는 법

✳
✳
✳

수학 공부를 얼마나 해야 할까

"초2 아이를 데리고 수학을 시키고 있는데 너무 집중을 못해요. 제가 눈을 부릅뜨고 앞에 앉아 있어도 30분이 최대예요. 그 30분도 어찌나 화장실 가고 싶다 하고, 목이 마르다 하는지… 40분으로 늘려보려고 노력 중인데 쉽지 않네요. 학교 수업시간에 어떻게 하고 있는지 걱정이에요."

어느 인터넷 카페 게시판에 초등 학부모가 쓴 글이다. 줄줄이 이어지는 댓글에는 공부만 하면 물을 찾고, 화장실을 가고 싶어 하는 아이에 대한 고민이 이어졌다. '중학생도 10분 이상이면 자세가 흐트러지는데, 초2가 30분이면 상을 줘야 마땅하지 않나?' 생각하다가도, 내 아이의 그런 모습에 답답해지긴 매한가지다.

● 방해 요인 없애기

아이가 정해진 시간 동안 집중할 수 있게 하려면, 집중에 방해되는 요인을 우선 제거해야 한다. 윗 글와 같은 고민이 있다면 신체가 반응하는 문제이니 수학 시작 전에 화장실을 다녀오게 하고, 책상 위에 목을 축일 수 있는 200ml 물통을 올려 두면 된다. 아이가 좋아하는 책도, 장난감도, 퍼즐도, 모두 눈에 보이지 않는 곳으로 치우고 오로지 책상 위에는 문제집과 연습장, 연필, 지우개, 물만 두자. 정해진 시간 동안 움직이지 않게 하고 싶다면, 아이가 결핍이나 유혹을 느끼지 않는 환경을 만들고 시작하는 것이 바람직하다.

● 적당한 시간 또는 분량 정해주기

일반적인 초등학생의 집중 시간에 관한 연구를 살펴보자.

듀크대 심리학과 해리스 쿠퍼(Harris Copper) 교수는 '아이들이 숙제를 하는 데 얼마의 시간이 적합한지'에 대해 결과를 얻기 위해 60건이 넘는 연구를 검토했다. 2006년 발표한 논문에서 그는 학년이 올라갈 때마다 10~20분 정도의 시간을 더할 것을 제안했다. 즉 2학년은 집중해서 20분간 앉아서 하면되고, 6학년

은 약 60분간 숙제에 집중하면 된다.[8]

이처럼, 아이가 스스로 집중하는데 적당한 시간은 '학년×10분' 정도이다. 이에 따라 학년별로 교과 문제집을 10분(~30분) 집중해서 푼 후, 3분 정도 휴식(물 마시고 화장실을 다녀오기)하고 마지막 10분간 틀린 문제를 확인하는 식으로 시간을 운영하면 적당하다. 하지만 이는 일반적인 것일 뿐이다. 시간을 정하는 것은 앉아 있는 시간을 늘리는데 도움이 되지만, 그 시간 동안 계속하여 집중할 수 있는지가 관건이다. 이를 대체할 방법으로는 해야 할 분량을 정하여 하는 것이 있다. 분량을 정하여 공부하게 하면 집중력을 올리는데 도움은 되지만 대충 풀어버리는 경우가 있어 난감하다. 필자의 경험으로는 이 두가지를 적절히 섞어 푸는 문제집의 난도에 따라 정하는 것도 꽤 괜찮은 방법이었다. 쉬운 개념 문제집이라면 분량을 정해 진도를 나가는데 집중하고, 응용이나 심화 문제집처럼 오래 고민해야 하는 문제는 시간제로 하여 부담을 줄여주는 것이다. 하지만 앞서 말했듯 공부 시간이나 분량은 아이의 성향에 따라 선택해야 할 '방법'의 문제다. 무작정 어떤 방법을 따르기 보다는 아이와 함께 여러 방법을 시도해 보고 가장 매끄럽게 흘러가는 것으

---

8 로버트 프레스먼, 스테파니 도널드슨-프레스먼, 레베카 잭슨, 『숙제의 힘』, 김준수 역 (다산라이프, 2015), pp.126

로 진행하자. 부담 없이 힘들지 않게 해야 오래 할 수 있다. 어쨌든, 초3~초5의 3년은 30~50분 정도의 시간 또는 그에 해당하는 정도의 공부량이면 정말 충분하다. 단, 이 시간은 집에서 전적으로 수학 공부를 할 때 적당한 시간이다. 학원에서 수학을 하고 오는 아이들은 일정 시간을 정해 학원에서 공부한 내용을 간단하게 점검해 주고, 숙제를 끝내면 그날의 공부는 마무리 한다. 연산은 그 시간과 별개로 매일 10분(또는 1일치) 정도 할 수 있게 도와주자.

어떤 순서로 해야 할까

학교 수업은 대개 '복습 → 개념 설명 → 예제 풀이 → 문제 풀이 → 심화 문제 풀이 → 총정리'의 단계로 진행한다. 학교 수업은 교사가 진행하지만 집수학은 아이 혼자 해내야 하니, 처음에는 엄마가 의도적으로 순서를 만들어 준다. 특히 집수학에서는 복습 부분을 건너뛰는 경우가 많은데, 지난 시간에 했던 내용을 복습하는 것은 내용을 되새긴다는 의미도 있지만 오늘 할 내용에 대한 거부감을 줄여주는 역할을 하기도 하니 어제 공부한 내용을 다시 읽으며 칭찬을 해주면 기분 좋게 시작할 수 있다.

● 교과수학

학원을 다니는 경우에는 앞서 언급한 대로 배운 내용을 아이가 말해보게 하고, 숙제 할 시간을 마련해 주면 된다. 혼자 공부하는 경우에는 처음부터 끝까지 이끌어 가야 하기에 일련의 순서를 정해두고 진행하는 것이 효율적이다.

• 교과수학 공부의 순서 ① : 복습

간단한 복습으로 시작한다. 이전 시간에 공부했던 개념을 간단하게 확인하고, 틀린 문제가 있었다면 어떻게 풀었는지를 말해보거나 빠르게 아이디어만 체크하며 푸는 것도 좋다. 이전 시간에 못풀었던 문제를 다시 풀게 해보면 의외로 간단하게 풀리는 경우가 많다.

• 교과수학 공부의 순서 ② : 개념 학습

개념에 대해 공부할 차례라면 책에 나와 있는 설명을 스스로 읽고 이해하는 것으로 시작한다. 하지만 수학 개념을 접한 경험이 많지 않아 혼자 해내기가 어려울 수 있고, 개념에 따라 아이의 눈높이에 맞는 설명이 필요할 때도 있다. 엄마는 모든 초등수학 교육과정을 알고 있는 것이 아니기에 본인이 아는 방법으로 알려주는 경우가 많은데, 아이의 인지 수준과 맞지 않아 혼란을 겪기도 한다. 그리고 한두 번 설명에 아이가 알아듣지 못하면 평정심을 유지하기도 쉽지 않다. 그러니 엄마가 직접 설명하는 것은 되도록 지양하고 이해가 힘든 경우 인터넷 강의의 도움을 받자. 인터넷 강의에 집중이 힘든 아이라면 스스로 노트에 개념 정리를 하거나 말로 해

보게 하는 것도 좋다. 아이의 성향에 맞게 진행하되 개념 학습이 끝나면 예제를 풀도록 하는 과정을 통해 확실히 인지했는지 확인한다. 도형 단원이나 정의가 나오는 부분은 아이가 말해보는 것으로 암기가 되었는지 확인해 보는 것이 가장 좋다.

● 교과수학 공부의 순서 ③ : 문제 풀이

학습할 내용이 문제 풀이라면 일정량 또는 일정 시간을 정해주고 풀게 한다. 채점 후 틀린 것은 다시 생각해보게 하고 또 틀린다면 다음날 다시 풀게 한다. 그 다음날까지 해결이 힘들다면 엄마가 간단한 힌트를 주거나, 해답지에서 힌트 부분만 살짝 보여 주는 방법을 사용한다. 만약 해당 문제 풀이 강의가 있다면 강의를 듣는 것도 좋은데, 듣다가 스스로 풀 수 있을 것 같다고 이야기하면 일시정지를 누르고 스스로 풀어보는 것도 좋은 방법이다. 문제를 풀고 나면 엄마가 점수를 매겨주고 틀린 문제만 다시 한 번 풀어보게 한다. 오답 정리하는 방법은 4장 '문제해결력' 편에서 저학년, 고학년으로 나누어 자세하게 설명해 두었으니 참고하자.

● 교과수학 공부의 순서 ④ : 정리

그날 알게 된 문제의 핵심 아이디어 또는 힌트를 한글이나 식으로 적어보게 한다. 아직 쓰는 것이 익숙하지 않은 아이는 말로 해보는 것도 도움이 된다.

수학 시간 시스템

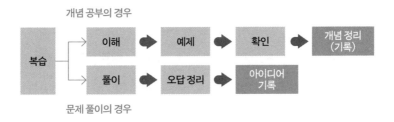

● 연산

연산은 일정량을 정해 하기만 하면 된다. 정해진 양을 끝냈으면 그 자리에서 채점을 하고, 틀린 부분만 다시 풀어본다. 주 1회 정도는 시간을 재서 풀어보는 것도 집중력을 올리는 차원에서 도움이 된다.

어떻게 도와줘야 할까

집에서 수학을 하다 보면 위기상황은 수없이 찾아온다. 아이를 가장 잘 아는 엄마가 아이와 충분히 의논하고 어떻게든 방법을 찾으려 노력하다 보면 상황 자체를 즐기는 방법도, 그러다 웃는 방법도, 아이의 마음을 아는 방법도 터득할 수 있다.

● 환경 만들기

교과 수학을 할 때는 엄마와 일대일로 하는 것이 좋다. 초등 아이들 여러 명이 한 공간에서 공부를 하면 질문하는 한 명에게 관심이 쏠릴 수밖에 없고, 그렇게 한두 마디 섞다 보면 어느새 시장통이 되어버린다. 만약 엄마 혼자서 여러 명을 챙겨야 하거나, 달리 도와줄 사람이 없다면 독서 시간과 병행하는 방법을 추천한다. 엄마가 한 명씩 데리고 방에서 수학을 하면, 다른 아이는 그 시간에 다른 장소에서 독서하며 시간을 보내는 것이다. 다른 공부나 숙제를 하도록 시키면 방해받는 일이 생길 수 있기에, 경험상 독서 시간과의 조합이 가장 이상적이었다.

연산은 다 함께 하는 것이 도움이 된다. 시간을 잴 필요는 없지만, 형제들이 모여서 하게 되면 은근히 경쟁도 되고 집중을 하게되어 윈윈 효과를 누릴 수 있다. 외동아이의 경우라면 격려 차원에서 주 1회 정도 엄마가 천천히 같이 풀어주는(져주는 걸 목표로) 이벤트를 진행해도 좋다.

● 아이의 성향에 따른 팁

만일 원만하게 진행되지 않는다면 아이에 따라 조정이 필요하다. 이전에도 언급했듯이 수학문제를 푸는 것은 힘든 일이며 아이의 성향에 따라 문제의 해결방식은 달라져야 한다. 아래는 수학 위기의 순간과 대처방법을 몇 가지로 정리한 것이다.

첫 번째, 끝까지 해보겠다고 문제를 붙잡고 있었지만 결국 틀렸을 때, 과하게 낙담하는 경우다. 주로 심화 문제에서 걸리는, 제법

수학 능력이 좋은 아이인 경우가 많다. 이런 아이에게는 생각할 충분한 시간을 주되, 좌절하기 직전의 순간에 도움을 주는 것이 좋다. 이때 도움이란 직접 알려주고 풀어주는 것이 아니라 결정적 힌트만 슬쩍 흘리는 것이다. 눈치 빠른 아이가 알아서 힌트를 낚아채 자신이 풀어냈다고 생각할 수 있게 만드는 방법이다. 예를 들자면, 백분율에 관한 문제를 헷갈려 할 때 "백분율이면, 100에 대한 비율이라는 뜻인가?" 정도의 혼잣말로 힌트를 주어 아이가 정의를 떠올릴 수 있게 돕는 식이다. 문제에 따라 도저히 힌트 한두 개로 해결이 안되면 "엄마는 문제조차 무슨 소리인지 이해가 안 간다"며 함께 해설지를 읽어본다. 한 줄씩만(아랫부분은 가리고) 함께 읽으며 풀이에 빠져들게 한 후, 힌트를 얻었다면 나머지 풀이는 아이가 직접 쓰게 한다. 해설 강의를 들을 때도 마찬가지다. 조금씩 끊어서 듣거나, "이제 내가 풀 수 있을 것 같다"라고 말하면, 거기서부터 스스로 풀어보는 기회를 준다. 설사 마지막 답만 아이가 쓰더라도 제 손으로 결론을 맺게 해야 한다.

두 번째, 두어 번 도전하다가 포기하는 경우다. 처음에는 용기내어 도전했지만 틀렸다는 걸 아는 순간 머리가 굳어버리는 아이들이 있다. 육아의 기본은 '공감'이다. 그리고 수학 공부도 다르지 않다. 이 간단한 걸 풀지 못하고 있다는 상황에 대한 팩트보다는 아이의 속상한 감정에 공감해야 아이의 뇌가 움직인다. 아이 머리가 순간적으로 굳어버린 것이 보이면, '2번이나 도전을 한 사실'에 대해 칭찬을 하고, 그래도 풀지 못한 아이의 마음을 읽어주자. 아이의 모습이 너무 답답해서 화내고 싶은 그 순간 한 번만 되뇌이자. "지금 내가 화내면, 오늘 아이 공부는 끝이다!" 엄마의 말 한마디가 아이의 뇌를 움직일 수도, 굳어버리게도 만들 수도 있다.

세 번째, 문제가 조금이라도 길거나 어려워 보이면 시도조차 하지 않으려는 아이가 있다. 대충 별표를 치고 넘어가도 된다는 허용적 분위기에 익숙해져일 수도 있고, 옆에서 바로 설명해주는 누군가와 함께 공부해 왔을 수도 있다. 이런 경우는 문제를 풀어주려 하지 말고 문제를 뜯어 읽는 기술을 연습시켜야 한다. (연습 방법은 4장에서 자세히 설명한다.)

이렇게 문제 읽는 법을 알려주는 것은 생각보다 시간이 많이 걸린다. 하지만 이 상황에서는 속도보다는 아이의 잘못된 방법을 바꾸는 것에 집중해야 한다. 하루에 한 문제만 푸는 한이 있더라도 제대로 풀게 하고, 노력했다 싶으면 아낌없이 칭찬하자. 하다 보면 속도는 오르기 마련이다.

수학과 친해지기
(수학머리 예비단계 초1~2)

초1~초2 시기의 아이는 '학생'으로 불리지만 사실상 큰 유치원생이다. 여전히 아기 같은 모습으로 엄마의 말을 1순위로 받아들이는 시기이니, 적극적으로 개입하여 습관을 만들어야 한다. 하지만 아직은 두뇌가 유치원생 수준이기에 무턱대고 수학을 시작하는 것은 피하자. 앞서 설명한 수학의 기초체력을 다지는 과정을 충분히 거쳤다면, 아이와 이것저것 함께 해보며 성향을 파악하고, 학교에 잘 적응할 수 있도록 기초적인 수 개념과 생각 습관을 만들어야 한다. 그리고 무엇보다 독서 시간을 확보하는 것에 많은 힘을 쏟아야 한다.

독서

이 시기에 해야 할 것들을 중요도 순으로 나열할 때, 1순위는 무조건 '독서'이다. 문해력을 기르기 위한 목적도 있지만 3학년부터 공부 습관을 제대로 안착시키기 위해서이다. 초3에 주 5회 수학 시간을 진행할 계획이라면, 초3이 되기 전에는 독서로 이 시간 동안 앉아 있는 연습을 한다. 온 식구가 둘러앉아 독서를 하게 되면 아이도 자연스레 읽기 독립을 할 수 있다. 혹시 아직 아이가 책에 관심이 없다면 그 나이대 혹은 조금 더 어린 나이 아이들 사이의 베스트셀러를 찾아 함께 읽자. 만화책만 찾는 아이일지라도 독서 시간만큼은 목적에 맞게 줄글책만 읽는 걸 원칙으로 한다. 두 달 정도 지나면 어느새 아이는 독서를 '노는 것'과 비슷하게 받아들인다. 특히나 좋아하는 시리즈를 찾게 되면 더 그렇다. 굳이 공부와 연결 짓지 않더라도 독서 시간은 온 가족에게 의미 깊은 시간이다. 아이가 집중해서 책을 읽는 모습은 부모를 행복하게 만든다. 아이를 좀 더 사랑스럽게 바라보고 싶은 마음이 있다면 독서 시간은 반드시 함께 해 볼 것을 권한다.

수학동화

수학동화를 가장 효과적으로 이용할 수 있는 때가 바로 초1~2의 시기이다. 유아 시절의 수학동화는 재미가 없어도 너무 없다. 스토리도 썩 재미없고, 앞뒤 맥락 없이 튀어나오는 개념 때문에 수학이 더 싫어질 것 같은 느낌이다. 유명하다고 소문난 책들도 크게 다르지 않다. 그러나 초등학생이 되면 이야기가 달라진다. 수학동화에서 들어봤던 개념이 학교 수업시간에 나온다. 책에서 한번 들어본 것이니 본인이 아는 것처럼 느껴져 예습 효과를 만들어 낸다. 게다가 토끼가 당근을 세는 것이 주 내용인 유아 때의 수학동화보다 훨씬 더 흥미진진하고, 개념도 잘 녹아 있으며, 예도 적절하다. 하지만 수학 개념을 인위적으로 녹인 수학동화의 특성상 '스토리 수상'을 넘볼 정도의 재미는 기대할 수 없다. 혹시 수학동화가 아이의 독서 성향과 너무 다르다면 엄마가 조금씩 읽어주는 방법을 권한다.

　수학동화는 스토리 하나당 개념 하나 정도의 옴니버스식이 많다. 때문에 한 번에 한 개념씩 만 읽고 덮는 정도(대개 한 번에 10분 또는 한 챕터 정도)면 읽어줄 만하다. 개념이 나오는 부분은 목소리 톤을 다르게 하여 강조를 하거나, 책에서 이야기하는 것과 비슷한 몇 가지 실생활 예를 들어주며 이해시키는 식으로 읽어 준다. 흘려듣는 것 같은 느낌을 받을 때도 있지만, 어떤 때는 개념서로 한 시간 이상 공부하는 것보다 더 효과적일 때도 있다. 이 시기 읽어줄 만한 학년별 수학동화는 『만만한 수학』 시리즈, 『수학식당』 시리즈, 『뭉치 수학왕』 시리즈, 『수학탐정스』 시리즈 등이 있다.

숫자 제대로 쓰기

중학생 중에서도 0과 9와 6을 정확하게 구별하여 쓰지 않는 버릇 때문에 서술형 평가에서 감점을 당하는 아이가 있다. '줄 맞춰 식 쓰기'도 마찬가지다. 어릴 때부터 숫자를 알아볼 수 있게, 그리고 가지런하게 쓰는 연습을 하지 않으면 나중에는 정말 고치기 힘들다. 어릴 때는 귀엽다며 가볍게 넘어갈 수 있겠지만, 이 버릇 때문에 중고등 내신에서 점수를 깎아 먹는 일이 생길 수 있으니 반드시 점검해야 한다.

연산

초1~2의 수학 교과 내용은 대부분 기초 연산이다. 선행이나 심화는 생각하지 말고 교과서에 충실하는 정도만 한다. 교과서가 쉽다는 이유로 사칙연산 문제집으로만 선행을 하는 경우도 많은데, 이런 아이들은 교과서에서 처음 만나는 서술형 문제나 식을 세워야 하는 부분에서 당황할 수밖에 없다. 학교 수학은 자신감을 쌓기 위해서라도 무조건 잘 해야 한다. 교과서를 미리 받으면 잘 챙겨보고 그날 배울 내용은 반드시 예습한 후에 수업에 들어가도록 챙긴다. 간혹 속도를 내야 한다며 손가락을 못 쓰게 하고 연산 시간을 재기도 하는데, 이는 아이가 수학에 질리도록 애를 쓰는 격이다. 손가락을 써야 계산이 겨우 가능한 아이도 매일 10~20문제씩 꾸준히 연습하다 보면 어느새 암산을 하게 된다. 억지로 속도를 올리는 것보다 '적은 양을 매일' 하는 것이 훨씬 효과적이다.

초1~초2 수학에서는 완벽함을 요구해서는 안된다. 아이의 뇌는 아직 유치원 수준이기에 개념 이해가 어렵다. 이해가 되지 않는다고 하면 '하는 요령'을 외우고 넘어가도 괜찮은 시기다. 초3이 되면 그냥 읽으면서도 이해하는 부분인데, 이때는 세상이 뒤집어져도 이해가 어려울 수 있다. 시작이 제일 중요하다. 초1~2는 제발 많은 걸 하려 하지 말고, '수학과 친해지게 만드는 것' 하나만 목표로 두자.

생각 습관

초1~2에는 일정 시간 뇌를 사용하는 습관을 만들어야 한다. 3학년부터는 본격적으로 수학 시간을 진행해야 하는데, 그때가 되어 갑자기 '생각하는 공부'를 시작하면 거부반응을 보인다. 어릴 때부터 매일 일정 시간 앉아서 머리 쓰는 연습을 해두면, 수학 시간을 시작하는 것이 좀 더 수월해진다. 독서 후 그림 독후장 그리기, 종이접기, 미로 찾기, 어린이스도쿠, (피아노 학원을 다닌다면)피아노 계이름 찾기 등으로 시작한다.

3장

초등 3학년,
수학 첫걸음 내딛기

보통의 초3 수학머리
들여다보기

✳
✳
✳

초등학교 3학년, 10대다. 학교 급식을 2년간 먹은 덕에 공동체 생활에 익숙해졌으며 5교시가 대부분인 일상을 보내게 된다. 3학년부터는 과목 수가 늘어나고, 내용도 깊어진다. 전문과목이 생기다 보니 과목에 대한 선호도도 생긴다. 앞 단계에서 수학의 첫인상을 잘 만들었다면, 개념이 나오기 시작하는 3학년이 반가울 것이다. 매일 독서를 통해 어느 정도 엉덩이 힘도 길러졌고 상식도 쌓였으니, 정성들여 준비해 온 그 '수학 시간'을 시작할 때가 왔다.

처음 수학을 제대로 맞이하는 엄마와 아이

수학 개념은 초3에 처음 등장한다. 게다가 수학 교과서의 설명은 그리 친절하지 않은 데다가 여태 해온 활동 위주의 수학과는 조금 다른 느낌이다. 그런 수학을 공부하는 시간이니, 철석같이 약속했더라도 아이는 순순히 자리에 앉지 않으려 한다. 어찌어찌 앉았다 하더라도 해결하기 어려운 문제를 만나고, 틀리고, 오답 체크를 하는 매 순간 어려움은 반복된다. 아이들은 엄마의 인내심을 시험하기 시작한다. 수학 시간을 시작하고 몇 달이 지나면 아이가 달리 보이기 시작한다. (특별한 이해력을 지닌 아이가 있는 몇몇 집을 제외한) 대부분은 '이 아이가 하버드에 합격했을 때 학비는 어떻게 해야 할까'라는 과거 고민이 세상 쓸데없었다는 것도 알게 된다. 아이가 어릴 때부터 영특하다는 이야기를 들었다면 아마 더 마음이 쓰릴 것이다.

불과 몇 해 전, 아이가 처음 글씨를 배울 때를 떠올려 보자. 연필을 제대로 쥐는 것도 서툴렀을 테고, 또박또박은 당연히 불가능했다. 순서를 알려주고, 쓰는 법을 보여주어야 했다. 때로는 손아귀 힘이 부족한 아이를 돕기 위해 연필을 함께 쥐며 연습하기도 했다. 바로 지금, 그때를 기억해야 한다. 개념을 이해하는 것도, 문제를 읽고 뜻을 알아차리는 것도, 풀이를 써내는 것도 아이에게는 모두 처음이다. 글씨를 쓸 때처럼 엄마가 함께 잡아주고 알려주어야 불안한 마음을 이길 수 있다. 물론 엄마도 수학을 챙기는 것이 처음이라 '유독 수학만 못 하는 내 아이'가 낯설고 답답하다. 하지만 지금 그런 답답함을 느끼는 것은 축복에 가깝다고 감히 말한다. 대부분의 부모들은 아이가 중학교 2학년이 되었을 때, 다시 말해 입시와 연결되는 진짜 성적표를 받아보게 되었을 때 막막함을 느끼니 말이다. 그러나 그때는 이미 부모가 손쓸 수 없는 사춘기이다.

초3의 수학 본능

변화의 가능성이 많은 이때부터 아이를 잘 관찰하고 적절한 방법으로 챙기면 수학머리를 만드는 일은 결코 불가능하지 않다. 아이가 수학 첫걸음을 긍정적으로 내딛을 수 있게 만들기 위해 엄마가 미리 알아야 할 '초3 아이의 수학 본능'에 대해 알아보자.

첫째, 아이는 수학이 처음이고 낯설며 두렵다. 혼자 시도하고 알아가기엔 많은 용기가 필요하기에 수학 시간 동안은 엄마가 아이의 주변에 있는 편이 좋다. 두려움 때문에 이해의 기회를 놓쳐서는 곤란하다.

둘째, '아이의 기억력은 좋지 않다'는 사실을 전제로 두고 시작해야 한다. 오늘 1을 학습했으면 내일은 그 1을 기억하거나 하지 못할 것이다. 1을 가르쳐주면 10을 안다는 것은 속담에서나 나오는 이야기다. 에빙하우스의 망각곡선에 의하면 학습 후 하루가 지나면 내용의 30퍼센트도 기억에 남지 않는 것이 정상이다. 어제 학습했던 내용을 물어보고 기억하지 못한다면 화내지 말고 다시 하면 된다. 어제 30분 걸려서 완성한 것이었다면, 오늘은 29분 이내로 가능할 것이다. 초등은 어차피 시간이 아주 많다.

셋째, 아이는 본인의 상태를 잘 모른다. 아이는 개념을 읽거나 강의를 들은 후, "다 알겠어!"라고 말한다. 이는 엄마를 안심시키거나 끝내고 싶어서 하는 말이 아닌, 실제 본인의 생각이다. 그러나 아이의 '이해했다'라는 말은 객관적인 '학습 완료'와 아주 많이 다를 수 있다. 아이의 말만 듣고 덥석 문제부터 풀게 하면 예상외의 결과를 맞이할 가능성이 높다. 처음에는 관련 예제를 함께 풀어보고 정답률을 눈으로 확인한 후 본격적인 문제 풀이로 들어가는 것이 좋다. 초3은 함께 연필을 잡아주는 시기다.

넷째, 개념과 문제는 별개다. 예제도 풀고 암기까지 시켜 야무지게 개념 공부를 마쳤다. 이제 관련 문제 정도는 쉽게 풀어야 정상인 것 같지만, 문제를 보는 순간 아이는 얼음이 된다. 어이없게도 아이는 지금 이 문제가 좀 전에 외운 개념에서 나왔다는 사실조차 눈치채지 못한다. 문제를 소리 내어 읽었음에도 불구하고 상황조차 이해하지 못하니 당연한 일이다. 이런 모습을 보인다고 해도 다그치지 말자. '낯설어서' 그런 것뿐이다.

수학머리 키우기는 지금부터 시작이다. '내 아이는 평범하고, 또 평범하다'라는 전제를 깔고 시작해야 숫자를 거꾸로 쓰고, 같은 문제를 연거푸 5번 틀리더라도 "수고했다"며 물개박수를 쳐 줄 수 있다. EBS 강의만 보거나 학교 수업만 듣고도 척척 알아서 문제 푸는 아이는 극소수다. 잘한다는 이웃집 아이의 말에 속상해할 필요도 없고, 지금 당장 아이를 그렇게 만들기 위해 압박할 필요도 없다. 수학머리는 멱살을 쥐고 끌고 간다고 해서 당장 생기는 것이 아니라, 매일 수학 공부를 하는 중에 눈에 띄지 않게 서서히 자라난다.

초3의 '수학주도력'을 위한
단기 계획 세우기

✳
✳
✳

'아이가 초등학교에 입학했다. 그러므로 이제부터는 시키지 않아도 학생처럼 스스로 책상에 앉고, 공부 계획을 짜고 지켜 나갈 수 있을 것이다.'

위 명제가 참이 될 가능성은 0%에 가깝다. 아이는 학교에 입학하고 환경이 바뀌면 '아, 내가 학생이구나'라고 생각할 수는 있을지언정, '그래서 내가 해야 할 일이 뭐지?'라고는 생각하지 않는다. 아이가 학생처럼 행동할 수 있기까지는 그것에 대해 수도 없이 알려주고 챙겨주고 도와주고 보여주어야 한다. 그래서 '초1 담임 교사는 3D업종'이라는 말이 있는 것 같다.

수학 공부도 다르지 않다. 물론 아이는 엄마가 하자고 했으니 오늘부터 수학 공부하겠다고 했겠지만, 본인이 지금 무엇을 해야 하는지 알 리가 없다. "하기로 했으니 스스로 알아서 해야지. 넌 왜 주도력이 부족하니"라며 탓하기엔 아이에게 너무 막막한 일이며, 결국은 엄마가 담임 교사처럼 챙겨주고 보여주어야 하는 일이다. 즉, 목표는 '아이의 수학주도력'을 만드는 것이지만, 시작만큼은 '엄마의 수학주도력'이다.

수학 공부를 주도적으로 해 나가기 위해서는 로드맵을 만들어야 한다. 학교에도 연간 학사일정이 있듯, 3년간 수학 공부에 대한 장기 계획을 먼저 세운 후에야 세부 계획을 세우는 것이 가능하다. 그렇게 3년 → 1년 → 1학기 → 1개월 → 1주 로 좁혀 나가며 한 주에 해야 할 일정을 만든다. 장기 계획에 관련한 것은 이전 장에서 설명했으니, 그 다음 단계인 단기 계획에 대해 알아보자.

아이의 수준 파악하고 교재 선정하기

단기 계획은 아이에게 맞는 교재를 선정하는 것에서 시작된다. 교재의 전체 양과 수준에 따라 아이가 매일 공부할 분량이 달라지기 때문이다. 수준에 맞는 교재를 고르려면 객관적 지표가 필요한데, 그 기준은 아이가 푼 수학 교과서의 정답률로 파악한다. 초등학교 저학년 교과서는 기초 수준이기에 수학 교과서의 정답률이 70%가 되지 않는다면 '하' 수준, 대부분 다 맞는데 한 단원 전체에서 한 개 정도 놓치는 정도라면 '상' 수준이며, 그 사이를 '중' 수준으로 둔다.

수준	기준	필요한 공부
하 수준	수학 교과서 정답률 0~70%	연산 분량 늘리기/ 개념 쌓기에 집중
중 수준	수학 교과서 정답률 70~98%	개념 꼼꼼히 다지기/ 유형으로 자신감 쌓기
상 수준	수학 교과서 정답률 98~100%	개념 빠르게 확인하기/ 심화로 수준 높이기

아이의 수준이 파악되었다면 아래 표를 참고하여 교재를 정한다.

수준	연산 문제집	교과 문제집
하 수준	단계별 연산 문제집, 교과 연산 문제집(2권)	수학 교과서 또는 개념 문제집 (1권)
중 수준	교과 연산 문제집(1권)	개념 문제집/ 유형 또는 응용 문제집(1~2권)
상 수준	교과 연산 문제집(1권)	개념+응용 문제집/ 심화 문제집(1~2권)

• 교과수학

위 기준으로 첫 교재를 정했다면, 그 다음 교재는 풀었던 첫 교재의 정답률로 고른다. 첫 교재에서 정답률이 평균 70~80%정도 나왔고 오답까지 확인을 했다면, 두 번째 교재는 한 단계 수준을 올려도 괜찮다. 그 정도가 되지 않는다면 비슷한 수준의 교재를 한 권 더 풀거나 아이의 성향에 따라 같은 문제집을 사서 다시 한 번 풀어도 좋다. 문제집의 정답률이 70% 이하인데도 수준을 올려 교재를 정하는 것은 피해야 한다. 풀 수 없는 문제가 많으면 자신감이 떨어지고, 정리할 오답도 너무 많다. 문제집 수준은 중요한 것이 아니다. 그저 이 나이에는 아이의 발달에 맞게 제 학년의 내용을 알고 가는 것만 챙기면 된다. 아이의 뇌가 발달할 시기가 되면 자연적으로 정답률은 높아질 것이니 말이다. 수학 정서를 지키고, 성취감을 쌓아가며 큰 갈등 없이 수학 공부를 이어 나갈 수 있는 가장 좋은 방법은 '수준에 맞는 교재를 고르는 것'이다.

• 연산

연산 교재는 교과 순서로 구성된 것을 골라 교과 진도와 비슷하게 푸는 것이 좋다. 교과 수학으로 원리를 이해한 후에 연산 문제집으로 스킬을 다지는 식이다. 연산은 빨리 하거나 많이 할 필요없이 그저 꾸준하게 하루에 20문제, 10분 정도면 충분하다. 그러나 하 수준의 아이라면 일단 연산에 집중하는 것을 권한다. 교과용(교과 연산 문제집 1권)과 속도 및 정확성 향상용(한 단계 아래 수준 문제집)을 같이 풀면 도움이 된다. 연산에 좀 더 시간을 투자해 정확도를 높이면 자신감을 키울 수 있다.

학교 진도에 맞춰 연산 문제집을 풀다 보면 1권만 풀기에 시간이 많이 남는다. 이럴 때는 '실전편'에서 소개하는 '집중 훈련'과 아이가 힘들어 하는 단원만 따로 모은 연산 문제집을 적절히 끼워 넣어 진행하면 도움이 된다.

● 개념·유형·응용·심화 문제집이란?

'개념 문제집'은 제목에 쓰인 '개념'이라는 단어에서 알 수 있듯, 개념에 대한 자세한 설명이 주 내용이다. 개념을 정확히 익히기 위한 예제와 쉬운 문제들로 구성되어 있다.

'유형 문제집'은 각 학년에서 풀어야 하는 문제를 유형별로(풀이 종류별로) 모아 놓은 문제집이다. 초등에서 "유형 문제집을 풀기 시작하면 문제 응용력이 생기지 않는다"는 말이 있다. 낯설거나 어려운 문제를 만났을 때 아는 유형이 아니기에 포기할 수 있다는 우려에서 나온 말인 것 같다. 하지만 새로운 문제를 포기하는 이유는 끈기가 없어서지 아는 게 없어서가 아니다. 유형 문제를 반복하여 많은 유형에 익숙해지면 아는 풀이가 많아진다. 익힌 기술이 많으니 실전에서 더 잘 싸울 수 있게 된다. 만약 내가 아는 유형 내에서 해결이 되지 않았다면 그 문제에서 쓰인 새로운 유형을 다시 습득

하면 그만이다. 학교 수학에서 하늘에서 뚝 떨어진 것 같은 그런 새로운 유형은 없다. 수능마저도 그런 넘을 수 없는 벽 같은 킬러 문항은 출제하지 않는 경향으로 돌아섰다. 유형별 문제집은 아이들의 자신감을 높이기에 가장 좋은 수단이다. 자신감이 떨어지는 아이일수록 유형별 문제집으로 총알을 많이 장전하는 것이 좋다.

'응용 문제집'은 앞서 말한 유형 문제집과 심화 문제집의 중간 수준이다. 문제집에 따라 수준 차이가 날 순 있으나, 새로운 문제에 도전하는 것을 두려워 하지 않는 아이라면 도전할 만 하다.

'심화 문제집'은 유형별 문제집의 고난도 버전이다. 유형이 몇 개씩 섞여 있는 새로운 유형을 선보이기도 하고 선행 개념이 안 들어간 척 들어간 경우도 많다. 심화 문제집도 유형이 정해진 경우가 많다. 심화 문제집 2년차에 들어선 아이들이 처음보다 쉽게 느끼는 이유는 사고력이 늘었다기보다 심화 유형에 익숙해졌기 때문이다. 아이의 능력이 이를 충분히 소화할 수 있다면 풀게 하는 것도 좋겠지만, 반드시 해야 하는 것은 아니다. 반응을 잘 살펴 '할 만할 때' 하는 것이 좋다. 덧붙여 '심화 연산'이라는 제목의 문제집은 비추천이다. 내가 살펴본 심화 연산 종류의 문제집은 숫자가 복잡하기만 한 문제가 주를 이루고 있었다. 수학에 대한 흥미를 떨어뜨리는 계기가 될 수 있다.

공부 분량과 속도 조절해주기

초등학교, 중학교에서 절대평가로 성적을 내는 이유는 '다른 아이와 비교해서 잘했는가'가 아닌 '얼마나 해냈느냐'가 중요하기 때문이다. 일단 아이의 수학 공부를 챙기기로 했다면 누구 아들, 옆집 아이 그리고 평균이라는 단어는 머릿속에서 지우는 것이 좋다. 학교 수학을 기준으로 가되, 아이가 힘들어 한다면 그마저 잠시 기다려야 할 때도 있다. 아이의 속도가 느려 초2 현행이 힘들다면 우리 아이의 기준은 초1 교과서가 되어야 한다. 그래야 나중에 진짜 평균을 논하는 고등학생이 되었을 때 앞과 옆을 볼 수 있다.

매일 할 분량과 속도를 정하기 위해서는, 먼저 일주일 정도 해봐야 한다. 어느 정도 할 수 있는지 파악이 되면 그에 맞게 공부량을 정한다. 느린 아이는 천천히 하다가 실력이 쌓이는 것이 보일 때 박차를 가하면 되고, 빠른 아이는 기본을 빠르게 익힌 후, 심화 과정에서 충분히 고민할 수 있는 시간을 확보하면 된다. 교재에서 '1일 공부량'이라고 표시된 것은 참고하되, 반드시 따를 필요는 없다. 앞서 말한 표준시간(학년×10분)동안 풀어낼 수 있는 양은 아이에 따라 다르니 그에 맞게 적절하게 분량을 정한다. 해 보면 알겠지만 초등수학의 내용으로 주 5회 공부를 하면 생각보다 진도가 빠르게 나간다. 2학년 겨울방학부터 3학년 내용을 시작한다고 하면, 1학기가 끝날 때까지 거의 4~5권의 문제집을 풀 수 있다. 그러니 조바심을 가질 필요는 전혀 없다. 생각하는 시간도 충분히 가지면서, '빠지지 않고' 하는 것에 집중하자.

아이가 공부하는 모습을 보며 계획을 짜다 보면 '너무 양도 적고 얕게 공부하는데, 이렇게 한다고 수학머리가 생길까?' 싶을 때가 있다. 다른 아이에 비해 하는 것 같지도 않은 양일 수 있지만 매일의 힘은 무섭다. 학교 학예회 때 아이들의 장기자랑을 생각해 보자. 뒤로 2단 뛰기 줄넘기 100개를 선보이는 아이에게서는 줄에 수없이 맞아가며 연습한 몇백 시간이 보이고, 고사리 같은 손으로 베토벤의 피아노곡을 치는 아이에게서는 치기 싫은 수만 번의 순간을 이겨낸 인내심이 보인다. 결과를 이루기 위해 작지만 끊임없이 노력하는 것은 비단 수학뿐만이 아니며, 지나고 나야 비로소 보이는 것들이다. 적은 노력 같지만 한 해, 두 해가 지나면 아이의 발전한 모습을 보며 뿌듯해할 순간은 온다. 수학머리를 만드는 첫 단추는 '할 수 있음을 믿고 수준에 맞는 계획을 세우는 것'이다. 그렇게 한 걸음씩 딛고 나가다 보면 아이는 성장한다. 전날 못 풀었던 문제를 그 다음날 손쉽게 해결하기도 하고, 정답률이 갑자기 올라가기도 한다. 그리고 그런 성취감이 모여 아이의 수학머리를 든든히 지지해 준다.

지금 계획은 전적으로 엄마가 세우는 것이 맞다. 아이의 수준을 진단하고, 계획을 짜고, 수정하고 관리하는 전 과정은 엄마의 재량이다. 엄마는 십 년간 가장 가까운 곳에서 아이를 보고 알아온 아이 전문가이며 최고의 성과를 낼 수 있는 유일한 코치다. 하지만 이 모든 계획을 짜고 관리하는 과정을 아이도 보고 들을 수 있는 기회를 주자. 그리고 차근차근 그 과정에 아이도 참여할 수 있게 하자. 처음은 서툴지만 엄마와 함께 반복하다 보면 업그레이드가 가능하다. 그렇게 결국 아이가 수학주도력을 완전히 가지게 될 때 수학 자립은 가능해진다.

초3의 '문제해결력'을 키우는
문제 풀이 준비 및 시작

✳
✳
✳

초3, 첫 수학을 할 때 문제해결력을 키우기 위해 힘써야 할 부분을 살펴보자. 앞서 정리한 문제 풀이의 준비와 시작에 해당하는 부분이다.

몇 해 전 글을 읽어서 해석하는 능력, 즉 '문해력'과 공부와의 관련성을 자세히 다룬 책이 크게 화제가 된 적이 있다. 모든 과목의 교과서가 한글로 쓰여 있고 그 글자를 읽으면서 이해해야 하니 문해력은 공부의 기본이라는 것은 정말 공감할 만한 말이었다. 그를 바탕으로 어떤 이는 수학을 잘 하기 위해서는 독서를 잘해야 한다고 주장하기도 한다. 하지만 수학만큼은 다른 과목과 조금 다르다. 현장에서 아이들을 가르친 경험을 되돌아봤을 때, 문해력은 수학을 잘 하기 위해 필요한 능력임은 분명하지만, 문해력이 좋다고 수학을 잘하게 되는 것은 아니다. 수학이 단순히 책을 많이 읽는 것만으로 잘하게 되는 과목이라면, 독서광이 대부분인 고등학교 문과 계열 학생들 중 수포자는 왜 그리 넘쳐나는지에 대해 대답하기 어려워진다. 게다가 아이를 데리고 앉아서 공부해 보면 금방 알게 된다. 앉은 자리에서 500페이지짜리 소설책을 다 읽어내는 수준이지만, 두 줄짜리 수학문제 앞에서는 그저 멍 때리고 앉아 있을 수도 있다는 신기한 사실을!

정답이 아닌 개념이 중요하다 : 초등 개념 코칭

짧은 사례를 하나 소개하겠다. 아래는 한 초3 아이가 처음 마주한 '각'의 정의이다.

---

* 각 (∠) : 한 점에서 그은 2개의 반직선에 의하여 이루어지는 도형

[예제] 다음 중에서 각을 모두 고르세요.

① ∨　② >　③ ∧　④ <

아이는 정의를 읽은 후, 바로 아래에 나온 예제에서 4번을 답으로 골랐다. 그 이유를 묻자 아이는 1초의 망설임도 없이 "오른쪽으

로 벌어진 악어 입 같이 생긴 게 각 그림이랑 똑같잖아요"라고 대답했다. 이전에 나온 반직선이 '한 점에서 시작하여 한 쪽으로 끝없이 늘인 곧은 선'이라는 정의를 정확히 외웠다면 4번의 구부정한 악어 입의 모양을 각이라고 고르지는 않았을 것이다. 게다가 단순히 "각은 반듯한 선으로 이루어져 있어"라고 알려주고 다음 문제로 넘어가버렸으니, 아래 문제에서 또다시 오답을 낼 수밖에 없었다.

[문제] 세 점 ㄱ, ㄴ, ㄷ이 아래와 주어질 때, 각ㄱㄴㄷ을 그려 보세요.

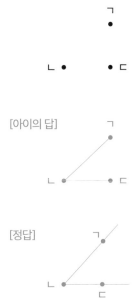

처음 보는 수학 개념을 '한 번 읽고 습득하기'는 결코 쉬운 일이 아니다. 초등이든 고등이든 수학 개념은 한 번에 이해하기 힘든 것이 맞다. 물론 초등과정에 나오는 개념이 그리 깊은 이해를 필요로 하는 것은 아니지만, 설명을 읽고 그 설명의 수학적인 의미에 대해 곱씹어 본 뒤 자신이 이해한 것이 맞는지 설명을 듣는 과정이 필요하다. 설명이 이해된다 싶으면 자신의 말로 정리해 보고, 예제에 적용해 보아 수학적인 뜻이 무엇인지 알아야 한다. 복잡한 내용이거나 도형 단원이라면 암기도 필수다. 아래는 개념을 이해하는 단계를 간단하게 정리한 표이다.

단계	활동
①이해	개념 설명을 읽는다. (이해가 잘 안된다는 반응이라면 문제집과 연계된 인터넷 강의나 'EBS 초등' 강의를 활용하자)
②예제	관련 예제를 푼다.
③설명	틀렸거나 정확하게 파악하지 못했다는 느낌이 들면 아이가 스스로 정리할 수 있도록 유도하는 질문을 한다. 질문1) "엄마는 읽어도 잘 모르겠는데 설명해 줄 수 있어?" → 학년별 개념표(부록)를 확인하여 설명 중에 필수 단어가 들어있는지 확인한다. 질문2) "혹시 예를 들어서 설명해 줄 수도 있을까?" → 설명 부분의 예를 떠올려 말하거나 그림을 그려보게 한다.

예제를 틀렸다면 다시 개념을 확인하고 정확하게 이해시켜야 한다. 입으로 말해보게 하고, 직접 그림을 그리거나 예를 생각해 보게 해야 한다. 앞서 말한 예처럼 그 예제의 '정답을 알려주고 지나가는 것'은 손바닥으로 하늘 가리기 격이다. 개념의 또다른 부분을 묻는 문제에서는 당연히 또 틀릴 수밖에 없다.

이 시기 아이들의 혼자 공부할 때의 특징은 '한눈에 담길만한 최소한의 지식'만 기억한다는 것이다. 게다가 학교에서 배우고 복습까지 한 내용인데도 하루만 지나면 깨끗하게 잊는다. 망각이론을 들먹이며 당연하다고 애써 말하고 싶지만, 단순하기 짝이 없는 내용도 기억하지 못한다는 것은 이해하려는 의지도 없었고, 주의를 기울여 읽지 않은 것에서 이유를 찾을 수 있다. 그렇기 때문에 아이가 처음으로 수학을 대할 때는 의도적으로 개념을 주의해서 읽고, 외우는 연습을 할 수 있도록 돕는 손길이 필요하다. 물론 중학생이 되어서까지 엄마가 옆에 앉아서 "이거 외워 봐, 저거 말해 봐"라며 확인하는 것은 안될 일이다. 하지만 지금은 그렇게 하는 것이 맞다. 수학 개념은 '스스로 읽어서 이해하는 것'이라는 말만 듣고 처음부터 개념서를 펴주며 읽고 풀어보라고 하면 100명 중 99명의 아이는 좌절할 수밖에 없다. 첫 걸음마를 할 때도, 처음 밥을 씹을 때도 그렇게 친절하던 엄마가 유독 혼자 하기에 너무 막막한 수학만 알아서 하라고 하면 아이는 어떤 느낌일까. 수포자는 한 순간에 짠하고 나타나는 것이 아니다. 게다가 그 원인이 엄마가 되어서는 곤란하지 않을까.

왜 수학문제를 이해하지 못할까 : 초등 문제 해석 코칭

개념 확인까지 완벽하게 마쳤건만 문제만 보면 얼음이 된다. 더 당황스러운 사실은 이 장면이 거의 매일 되풀이된다는 것이다. 이 상황에서 우선 엄마가 해야 할 것은 '기다리는' 것이다. 30분간 1문제를 풀더라도, 아이가 진심으로 고민하고 있다면 기다려야 한다. 오늘은 30분에 1문제를 풀었지만 내일은 1.5문제 정도 해결할 수 있을 것이다. 하지만 며칠 동안 스스로 단 한 문제도 해결하지 못한다면, 대신 읽어주거나 알려주지 말고 '문제를 제대로 읽는 법'을 알려 주어야 한다. 가끔 답답한 마음에 엄마가 문제를 읽으면서 해석해 주는 경우가 있는데, 이는 아이의 해석 연습 기회를 뺏는 것과 다르지 않다. 며칠간 허탕을 치는 한이 있어도 엄마가 고기를 직접 잡아 주는 건 금지다. 지금 함께 앉아 있는 이유는 낚시를 가르치기 위함이라는 사실을 기억해야 한다.

수학문제를 풀기 위해서는 일단 문제 해석을 할 수 있어야 한다. 문제 해석이란 한글로 쓰여진 수학문제를 읽고 무슨 뜻인지 이해한 후, 그것을 식으로 나타내는 것이다.

문제 해석

하지만 일상생활에서 한국어를 쓰고 한글책을 정말 많이 읽는 아이여도 수학책에 있는 한글은 도통 이해가 안된다고 한다. 한글을 읽어내는 것부터 막히니 당연히 수학식으로 번역은 엄두도 내지 못하고, 풀이도 불가능하다. 같은 한글인데 왜 수학문제는 못 읽는 것일까? 이유는 두 가지다.

첫 번째, '수학용어'가 생소하기 때문이다. 비슷한 예를 들어보자면, 중학교 아이들이 복도에서 원어민 선생님을 만날 때면 정말 반갑게 "Hello, teacher! How are you doing?"라고 인사한다. 어떻게든 원어민 선생님과 마주치지 않으려는 나와는 너무 다르다. 하지만 우연한 기회로 보게 된 원어민 선생님의 수업시간은 사뭇 달랐다. "제가 배가 아픈데 화장실 좀 다녀와도 될까요?"라는 질문을 말 한마디 없이 그저 손짓 발짓으로 대신하고 있었으니 말이다. 인사는 그렇게 원어민처럼 잘하면서 왜 화장실 간다는 말은 보디 랭귀지를 쓰고 있었던 걸까. 이유는 하나다. "Hello, teacher. How are you doing?"은 수없이 말해 본 문장이라 아이에게는 한국어와 다름없는 인사에 불과했지만, 배가 아프고 화장실을 가고 싶다는 말은 입 밖으로 뱉어 본 경험이 없는 영어였기 때문이다. 수학문제도 마찬가지다. 수학책에 나오는 용어는 책이나 실생활에서 잘 쓰지 않는 경우가 많다.

[문제] 정사각형의 네 변의 길이의 합이 다음과 같을 때, 한 변의 길이는 몇 cm 인지 구하시오.

36cm

위 문제에서 밑줄 그어진 단어에 주목하자. 실생활에서는 색종이의 모양을 '반듯한 네모'라고 하지 '정사각형'이라고는 하지 않으며, '부채꼴' 보다는 '피자 모양'이라는 표현을 주로 쓴다. 정사각형이라는 한글을 읽으면 '네 변의 길이가 모두 같은 사각형'으로 머릿속에서 인식을 해야 문제를 풀 수 있는데 그건 아이들에게 자연스럽지 않은 일이다. 게다가 직접 아이와 함께 앉아 있어보면 분명 정사각형의 정의는 외웠고, 확인까지 했는데도 문제에서는 바로 호환이 되지 않는 경우가 많다. 결국 이것도 훈련이 필요하다. 계속해서 이야기해주고 생각하게 만들어야 한다. 아무리 이야기해도 잘 안된다면 엄마가 문제를 읽으면서 중얼중얼거리는 모습을 보여주는 것도 좋다. "정사각형? 아, 네 변이 같다는 뜻이지"라면서 문제 읽는 방법을 아이에게 직접 보여주는 것이다. 그래도 힘들어한다면 아예 그 용어 아래에 뜻을 쓰게 하고, 뜻 부분을 포함하여 문제를 다시 읽게 하는 방법을 사용하면 아이도 어느 정도 감을 잡는다. 토익 만점자여도 원어민 앞에서 입도 뻥긋 못하는 이유는 시험을 위한 공부는 마르고 닳도록 했지만 입으로 말하는 훈련을 하지 않았기 때문이다. 마찬가지로 수학문제를 잘 읽으려면 한글책을 읽는 것이 아니라 수학용어에 익숙해지는 노력을 해야 한다. 수학용어가 일상어처럼 느껴질 수 있도록 적극적으로 암기하고 적용하는 훈련이 바로 그것이다.

두 번째, 문제 해석이 힘든 이유는 상황이 그려지지 않기 때문이다. 아래 문제는 수학용어가 전혀 나오지 않는데도 해석을 힘들어하는 종류의 문제다.

[문제] 지원이는 색종이 12묶음 중에서 동생에게 3묶음을 주었습니다.
한 묶음에 색종이가 5장씩 들어 있다면 지원이에게 남은 색종이는 몇 장입니까?

위 문제에는 수학용어가 없다. 게다가 실제로 일상 생활에서 흔히 마주할 수 있는 상황이다. 그런데 아이들은 도대체 왜 이 두 문장을 전혀 이해하지 못하는 것일까? 가장 큰 이유는 아이의 독서 성향 때문이다. 즐겨 읽는 책의 종류에 따라 이런 문장에 익숙한 아이가 있고 그렇지 못한 아이가 있다. 문학, 이야기책을 좋아하는 아이들은 문장 하나하나의 의미보다는 전체적인 줄거리와 스토리에 집중한다. 그래서 큰 사건을 시간 순서대로 줄줄 외워서 말은 할지언정, 한 문장 한 문장이 뜻하는 바와 소소한 내용은 기억하지 못한다. 반대로 지시적 문장이 들어 있는 책을 자주 읽는 아이는 이야기책을 좋아하는 아이에 비해 분석력이 좋다. 모든 문장의 뜻을 새기며 읽어야 하는 과학 실험책이나 요리 레시피책을 2장에서 추천한 이유도 이 때문이다. 하지만 성향을 개선하기가 힘들다면, 문제에서 이야기하는 상황을 '그림 그리기' 방법으로 접근해 보면 한결 도움이 된다. 이전 장에서 보았던 문제 해결의 과정표에서 아래와 같이 중간에 '그림 해석'을 추가하는 것이다.

좀 더 쉬운 문제 해석

아래 문제를 '그림 해석'을 통해 이해해보자.

지원이는 색종이 12묶음 중에서 동생에게 3묶음을 주었습니다. …①

한 묶음에 색종이가 5장씩 들어 있다면 …②

지원이에게 남은 색종이는 몇 장입니까? …③

(위의 그림 보고 식 쓰기) 9×5 = 45

서술형 문제를 힘들어하는 아이는 문장의 뜻을 그림으로도 그려내지 못한다. 여기서부터 막히니 풀이는 아예 불가능하다. 게다가 더 불편한 사실은 이런 행동이 습관이 되면 중학교, 고등학교에서도 그렇게 문제를 푼다는 것이다. 조금이라도 긴 문제가 나오면, 글을 읽을 생각은 않고 눈에 띄는 식과 숫자를 대충 조합하여 답을 적어버린다. 이렇게 대충 풀어버리는 행동은 뇌를 쓰지 않으려

<그림을 이용한 문제 해석 예시>

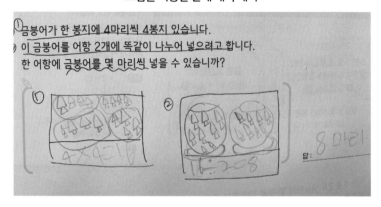

① 금붕어가 한 봉지에 **4**마리씩 **4**봉지 있습니다.
② 이 금붕어를 어항 **2**개에 똑같이 나누어 넣으려고 합니다.
한 어항에 금붕어를 몇 마리씩 넣을 수 있습니까?

는 인간의 본능과 너무 잘 맞기에 초등 때 바로잡지 않으면 상당

히 고치기가 힘들다.

초3의 '연산력'을 키우는 시기별 집중 훈련

✳
✳
✳

초2 여름방학~겨울방학 사이

● 구구단, 동수누가 개념 잡기

초2~3의 필살기는 '구구단'이다. 2학년 2학기부터 3학년 전반에 걸쳐 나오는 구구단은 그저 외우기만 해서도, 이해만 해서도 안된다. 곱셈을 상황 속에서 설명할 수 있을 정도로 이해했다면 자다가도 외울 수 있을 정도로 익혀야 한다. 이를 위해 필요한 것이 바로 '동수누가' 연습이다.

아래의 표에 구구단을 쓰게 한다. 외워서 쓰는 것이 아니라 맨첫 칸에 있는 숫자(동수)를 계속 더하여(누가) 칸을 채우는 것이다. 9단에 가까워질 수록 한번에 계산하기 힘들겠지만 세로셈을 해서라도 끝까지 직접 계산하게 하는 것이 좋다.

<동수누가 기본표>

2	4	6	8	10	12	14	16	18	20
3	6	9	12	15	18	21	24	27	30

  첫 일주일은 2단, 그 다음 주는 2~3단, 그 다음 주는 2~4단 정도의 분량으로 3개 단씩 매일 아침 쓰게 한다. 5분도 걸리지 않는 연습이지만, 구구단의 원리인 동수누가를 체계적으로 이해하기 가장 좋은 방법이다. 이 활동을 하며 유튜브에 있는 구구단송을 일주일에 하나씩 식사 시간마다 들려주면, 암기와 이해가 동시에 가능하다. 이 동수누가표를 오랜 기간 직접 채워 본 아이들은 이후 문제집에서 3×0, 3×11을 묻는 문제까지도 스스로 유추해서 답을 낼 수 있다. 게다가 숫자에 관심이 많은 아이라면 2단에서 숫자가 어떤 규칙을 가지고 있는지, 2단과 4단, 3단과 6단의 관계가 어떤지 규칙을 발견해 내기도 한다.

2×1	2×( )	2×( )	2×( )	2×( )	2×( )	2×( )	2×( )	2×( )	2×( )
2									
4×1	4×( )	4×( )	4×( )	4×( )	4×( )	4×( )	4×( )	4×( )	4×( )
4									
6×1	6×( )	6×( )	6×( )	6×( )	6×( )	6×( )	6×( )	6×( )	6×( )
6									
8×1	8×( )	8×( )	8×( )	8×( )	8×( )	8×( )	8×( )	8×( )	8×( )
8									

위의 표는 아이가 동수누가를 2~9단까지 쉽게 써내려 갈 때 점검용으로 활용한다. 처음에는 구구단을 정확하게 외웠는지 스스로 빈 괄호와 답을 순서대로 채우면서 확인하고, 숙달되었다면 위 괄호에 엄마가 랜덤으로 몇 개의 숫자를 쓰고 아이가 답을 채우게 한다. 그러면 3×(8)이 무엇인지 물어보았을 때, 3×1=3부터 순서대로 암기하지 않고 바로 답하는 연습을 할 수 있다.

초3 1학기의 집중 훈련

• 1단원 <덧셈 뺄셈> 이후 : 세 자리수 연산

세 자리수 덧셈, 뺄셈에서 시간이 많이 걸리거나 아직 손가락을 사용한다면 또는 오답이 너무 많이 나온다면 수준을 낮추어 집중적으로 연습하는 것이 좋다. 세 자리 수를 다루다 보면 한 자리, 두

자리 수의 연산을 훈련하는 것은 한결 가볍게 느낄 수 있으니 수준을 낮추어 연습한다. 쉬운 연산을 충분히 반복하면 '벌레먹은 셈(벌레 먹은 것처럼 식의 일부분을 지운 뒤, 푸는 이가 추론하여 찾게 하는 유형의 문제)' 등도 부담 없이 해낼 수 있다. 자유자재로 숫자를 다루고 암산까지 갈 정도로 만들어 두자. 초등 때 예습은 어느 정도 여유를 가져도 되지만 복습만큼은 완벽해야 한다. 무료 시험지 사이트에서 (두 자리 수)±(두 자리 수) 학습지를 여러 장 출력하여 하루 20문제씩 한 달 이상 연습한다. (무료 시험지에 대한 정보는 이 장 마지막에 자세히 수록해 두었으니 참고 바란다.) 일주일에 한 번 정도 시간을 재어 속도를 체크하는 것도 필요하다. 평균 20문제당 1분 30초 정도 오답 없이 풀 수 있도록 속도를 유지하면 된다. 너무 빠를 필요는 없지만, 너무 느리면 연습의 의미가 없으니 앞서 제시한 기준은 연산 수준을 높이는 지표로 사용하자. 절대 안될 것 같더라도 매일 하다 보면 결국은 가능해진다.

● 5단원 <길이와 시간> 개념 정리 이후 : 단위 읽기

길이와 시간 단원은 한번에 끝내기 힘들다. 그렇기에 실생활에 적용하는 게 좋다. 학교 갈 시각, 저녁 먹는 데 걸리는 시간, 양치할 시각 등을 '좀 이따', '이거 한 후에'라는 표현 대신 '오전 8시 10분에' '40분간 책 읽은 후에' '25분 후 출발' 등의 시각과 시간을 포함한 표현으로 알려준다. 본인의 필요에 의해 시계를 보려고 노력할 수 있게 도와주는 것이 좋다. 길이도 마찬가지다. 할머니 집까지 거리는 30km쯤, 내 손바닥 길이는 20cm쯤, 왕파리의 키는 25mm쯤이라는 표현을 일상생활에서 쓰면 생소함을 줄일 수 있다. 물론, 한두 번 배운다고 어른처럼 실생활에서 단위에 대한 의미를 알기는 힘들다. 생각날 때마다 하는 것이 답이다. 조금 늦더라도 다 된다. 시간 개념에 대해 모르는 중학생은 여태껏 단 한 명도 없었으니 조바심 낼 필요 없다.

초3 2학기의 집중 훈련

● 2단원 <나눗셈> 개념 학습 후 : 나머지가 있는 나눗셈

간단하게 익힐 수 있을 것 같은데 의외로 적용하는데 시간이 걸리는 단원이다. 기초가 부족하다면 '받아내림 없는 것 → 받아내림 있는 것 → 나머지 없는 것 → 나머지 있는 것' 순서로 일주일씩 연습하는 것도 좋다. 이때 쉽게 잘 푼다 싶으면 각 자리의 숫자가 의미하는 것, 나눗셈에서 몫과 나머지의 의미를 확인시켜주자. 무료 시험지 사이트에서 3학년 2학기 3단원 '(두 자리)÷(한 자리), (세 자리)÷(한 자리)'에서 순서대로 학습지를 출력하여 하루 20문제씩 한 달 이상 연습한다.

[예]

$$55 \div 4 \qquad\qquad 827 \div 3$$

```
        1 3              2 7 5
   4 ) 5 5           3 ) 8 2 7
       4                 6
       1 5               2 2
       1 2               2 1
           3               1 7
                           1 5
                               2
```

● **4단원 <분수와 소수> 개념 학습 후 : 가분수와 대분수의 변환**

　가분수와 대분수의 변환이 제대로 되지 않으면 분수 연산이 느려진다. 약분이 잘 안되는 아이, 통분이 잘 안되는 아이도 자세히 살펴보면 여기서 구멍이 난 경우가 많다. 무료 시험지 사이트에서 3학년 '가분수와 대분수의 변환'에서 학습지를 출력하여 하루 20문제씩 2주 이상 연습한다.

[예]

$$3\frac{8}{11} = \frac{41}{11} \qquad \frac{56}{5} = 11\frac{1}{5}$$

앞서 설명한 '집중 훈련'은 특정 주요 단원의 문제를 반복하는 훈련이다. 그 분야만 특화된 문제집을 구매하는 것도 좋지만 한 권 모두가 필요하지 않은 경우도 있다. 특정 단원만 풀 목적으로 문제집을 몇 권씩 사기도 그렇고, 일일이 문제를 적어주는 것도 보통 일은 아니다. 이런 고충을 해결해 줄 무료 사이트가 있으니, 이를 활용하면 좀 더 수월하게 진행 가능하다.

1. 일일수학

가장 손쉽게 사용할 수 있다. 답 확인이 큐알코드로 가능하다. 사칙연산 문제만 단원별로 정리되어 있다. 숫자만 바꿔 여러 버전으로 출력 가능하다.

2. 매일 수학

일일수학과 비슷하지만 문제 수를 다양하게 출력할 수 있어서 아이에 맞게 조절이 가능하다. 또 프린트 하지 않아도 컴퓨터 화면상에서 계산이 가능하며 피드백도 있어서 암산이 된 상태라면 재미있게 훈련 할 수 있다.

3. 경기 초등 온 배움교실

유튜브 강의와 함께 업로드 되어 있어 개념을 간단하게 짚고 풀이하기 좋다. 연산연습에도 좋지만 모든 과목 학교 단원평가 대비로 활용하기에 적절하다.

4. EBS초등

'시험지 만들기' 탭에 들어가면 모든 과목, 소단원의 내용 시험지를 만들 수 있다. '진단평가' 탭에는 시간제한을 두고 시험을 칠 수 있게 시험지를 제작할 수 있다. 객관적으로 아이의 수준을 평가해보고 싶다면 굳이 학원 레벨테스트를 신청하지 말고 이 사이트를 적극적으로 활용하자.

안되니까 초등이다

아이가 막 2학년이 되었을 무렵의 일이다. '13-7'에서 브레이크가 걸렸다. '받아내림'의 원리를 전혀 이해하지 못하고 있었다. 이런저런 방법으로 여러 번 설명하고, 함께 강의를 찾아서 보고, 교구를 꺼내 오며 할 수 있는 모든 방법을 다 썼지만 끝끝내 알아듣지 못했다. 9년 인생에서 처음 맞닥뜨린 본인의 한계에 아이는 목놓아 울어버렸고, 결국 엄마의 한숨과 함께 손가락 셈으로 적당히 마무리할 수밖에 없었다. 몇 달 후, '113-27'의 계산이 나왔다. 이전에 이해하지 못한 받아내림이 마음에 걸렸다. 그때의 좌절을 떠올리며 조심스레 받아내림 설명을 읽어보라 하니, 아이는 별 문제없이 단박에 이해하고는 문제를 풀어나갔다. 어이가 없을 지경이었다.

"정말 이게 이해가 가?"

"그럼 당연하지. 엄마는 내가 이것도 못 할 줄 알았어?"

타임머신이 있다면 8개월 전으로 돌아가 아이의 마음에 상처로 남아있을 그때의 내 한숨을 주워 담고 싶었다.

개념을 정확하게 이해한 후, 원칙적으로 문제를 푸는 것은 중요하다. 원리를 이해하기 위해 노력하는 과정은 뇌를 정교화하는 과정이기에 뇌 과학에서도 강조하는 부분이다. 그러나 적어도 초등에서는 그것에만 집착해서는 곤란하다. '완벽하게 이해하는 것'이 최종 목표가 되어서는 한 발짝도 나아가지 못하는 경우가 종종 생기기 때문이다.

아이가 기초적인 것도 이해하지 못하는 상황을 맞닥뜨렸을 때, 생각하는 자체를 귀찮아하는 것같이 보일 수 있다. 어떨 땐 의지가 없는 것 같아 더 답답하기도 하다. 하지만 아이는 어른의 짐작과 조금 다른 상태일 수 있다. 너무 이해하고 싶지만 도저히 할 수 없고, 그런 상황을 표현하는 방법이 서툴러 태도 불량처럼 보이는 것이다. 똑바로 앉으라고 호통을 칠 일이 아니라 "처음 봐서 낯설어서 그런 거야. 좀 지나면 이해될 거니까 매일 엄마랑 조금씩만 하자"라고 격려를 해야 할 일이다. 아이의 힘듦은 외면하고서 그 내용을 이해하지 못한다는 사실에만 집중하여 아이 탓을 하거나, 이해시키려고 무리하게 아이를 잡고 있으면 그 결과는 3~4년 후에 나타난다. 중학생이 되어 수학을 놓겠다는 의지를 표현하는 아이는 학교에 수두룩하며, 그들을 부르는 단어가 바로 '수포자' 이다. 그러니 적어도 초등에서는 아이의 능력이 받쳐주지 않아 생기는 자그마한 구멍은 알면서도 지나가야 한다. 지금 지나가더라도 곧 학교에서는 그 내용을 다룰 것이고, 수업을 듣다 보면 이해가 될 수도 있다. 만약 학교 수업 후에도 이해를 하지 못한다면 그 단원을 잘 넘길 수 있도록 약간의 요령을 알려줘야한다. 학교 수업을 따라가기에 무리 없을 정도로 학습을 해 둔 뒤 다음 달, 아니면 다음 문제집을 풀 때 즈음, 즉 아이의 머리가 자라고 이해가 가능해 보일 때 다시 한번 원리를 짚어주면 아이는 당황스러울 정도로 편하게 받아들이기도 한다. 학교 정규과정에 있으면서 받아 내림을 못하는 중학생은 없다. 초등학생은 뇌가 자라나고 있는 시기이니 이 시기만큼은 완벽에 집착하는 마음은 어느 정도 내려놓아야 한다.

4장

초등 4학년,
수학 자신감 채우기

보통의 초4 수학머리
들여다보기

*
*
*

초4의 수학 본능

초등학교 4학년, 선생님들에게 가장 인기가 좋은 학년이다. 아기 티도 벗었고 말귀도 잘 알아듣는다. 학교가 집만큼 익숙해진 듯하고, 무엇보다 아직 귀엽다. 그리고 본격적으로 머리가 깨어나는 아이들이 생겨난다. 이전 학년까지는 눈치 빠르게 시키는 것들을 잘해내는 여학생들이 주로 상위권에 있었다면, 4학년부터는 성장이 더딘 남학생들이 슬슬 치고 올라오는 시기다. 산만하고 집중 못하던 남자 아이들이 공부에 관심을 가지기 시작하고, 경쟁심도 조금씩 가진다. 아이들의 성장 단계로 봐서는 초4에 수학 속도를 올리는 것이 맞다. 하지만 그 성장이라는 것은 아이에 따라 다르기에 아이의 반응을 살피며 시도해 보는 것이 필요하다.

초4는 수학에서 특히 중요한 시기다. 초1~초3에서 모자란 부분을 메우고, 가장 난이도가 높은 초5 수학을 준비해야 한다. 여태 집에서 수학 시간을 잘 유지해 왔다면 아이도 수학 시간을 알리는 알람에 따라 자연스레 몸이 움직인다. 뇌가 성장을 한 만큼 수학문제를 읽는 방법, 오답을 체크하는 방법에도 나름의 노하우가 생기고 그와 함께 수학머리도 조금씩 생겨난다. 작년 문제 푸는 수준이 '하'였고 수학에는 관심이 없었더라도 엉거주춤 응용 문제집에 관심을 두기도 하고, 학교 단원평가를 대비해야겠다는 기특한 생각을 하기도 한다.

이제는 '1대1 밀착 수학'에서 온 가족이 한 책상에 모여 앉아 공부하는 '수학 데이(Day)'를 정기적으로 진행해 보는 것도 도전할 만하다. 주 1회 정도 도서관에 온 느낌으로 다 같이 집중하는 경험은 수학 시간에 대한 긍정적인 감정을 더해 줄 수 있다.

학원을 찾는다면

초3 분수에서 수포자가 생긴다는 우스갯말이 있다. 3학년을 지나오며 아이들은 수학이 만만하지 않다는 것을 인식하게 되고, 그 느낌이 커지는 4학년이 되면 아이들은 부모의 손을 잡고 수학 학원을 찾기 시작한다. 초등수학 학원에서 초4부터 교과수업을 개설하는 경우가 많은 것은 그런 수요가 많다는 증거다. 학원을 찾다 보면 알게 모르게 낚시줄에 걸리는 경우가 있다. 바로 '두려움' 마케팅이다. 여태 집에서 구멍 없이 잘 해온 아이들도 학원에서 갈 반이 없다든지(선행 위주의 학원인 경우), 레벨 테스트에서 형편없는 점수를 받는 경우가 그것이다. 집에서 한 것이 크게 잘못해 온 일인 마냥 느끼게 만드는 마케팅 때문에 덜컥 아이 수준에 맞지 않는 학원에 등록하는 경우도 상당히 많으니, 학원을 보낼 생각이라면 여러 곳에서 상담을 받아보고 심사숙고해서 결정하는 것이 좋다. 여러 학원에서 상담을 받았다면 한눈에 보기 좋게 정보(횟수, 수준, 오답 처리 방법, 수업 형태, 피드백, 테스트, 반 구성, 숙제 유무, 쉬는 시간 아이들 관리, 선생님의 성향, 개별 진도 관리 정도, 회비 등)를 정리한 후, 아이의 수준과 필요를 기준으로 순위를 매겨 보자. 적어 놓고 비교하면 객관적인 선택의 눈이 생긴다.

아이 수준에 맞는 학원 선택법

앞서 말한 이유 외에도, 학원을 보내야겠다고 생각을 할 때는 다른 여러 이유가 있기 마련이다. 아이가 너무 뛰어나 전문가에게 맡겨 잘 키워야겠다는 경우, 집에서 공부하다 보니 엄마와 관계가 나빠져서 보내는 경우, 혼자 공부하며 나쁜 습관이 만들어진 경우, 일단 가면 '한 문제는 풀고 오겠지'라는 생각으로 보내는 경우 등의 이유다. 목적이 어찌됐든 학원을 선택하기로 마음을 먹었다면 선택 기준을 세우고 찾기 시작해야 한다. 그리고 그 기준은 학원의 커리큘럼이나 환경이 아닌 '아이'가 되어야 한다.

● 이해도 상

학교 수업만 듣고 푼 교과서의 정답률이 95%이상(가끔 가다 하나 정도 틀리는 경우) 나오는 경우는 어디든 아이의 성향에 맞는 곳으로 보내면 된다. 학교 선생님의 설명만으로도 내용 소화가 가능한 아이는 그보다 높은 수준의 수학도 따라갈 역량이 되기 때문이다. 이해도는 뛰어나지만 나쁜 습관(대충 풀기, 멍 때리는 습관, 암산 위주 풀이 등)이 든 아이들이나 환경의 영향을 많이 받는 아이들은 바른 습관 잡기를 위해 학원의 도움을 받는 것도 좋다.

교과서 문제에서 95% 이상의 정답률을 내지 못하는 아이는 관찰이 필요하다. 일단 보통 수준의 교과 문제집 중에서 새로운 부분을 펼쳐 주자. 내용을 스스로 읽고 문제를 풀어보게 한 후, 이해가 안된다고 하면 인터넷 강의를 찾아 보여준다. 그런 뒤 아이의 반응을 살펴 아래와 같이 중 혹은 하 수준을 판별한다.

● 이해도 중

인터넷 강의를 듣고 예제를 풀어낼 능력이 되는 아이라면 관련 문제를 풀어보게 한다. 스스로 문제를 읽고 이해하는데 어려움이 없는지, 덜렁대면서 대충 풀어버리지 않는지, 수시로 딴생각에 빠지지 않는지 꼼꼼하게 매의 눈으로 살핀다. 그리고 그 성향을 기억하여 조건에 맞는 여러 학원을 골라 모두 상담을 받아 본다. 학원 첫 상담에 가서는 아이의 단점과 강점을 이야기할 때 어떻게 반응하는지, 우리 아이에게 집중하는지 아니면 학원 프로그램을 강조하는지, 초등을 가르친 경력이 어느 정도 되는지, 숙제는 어떻게 관리하는지 등을 꼼꼼히 물어보자. 설명을 듣다 보면 우리 아이와 맞을지 아닐지 알 수 있다.

● 이해도 하

기초 개념인데도 설명을 듣고 한번에 이해하지 못한다면 개별로 꼼꼼히 챙겨주는 소수정예 공부방 종류의 학원이나 일대일 과외를 찾는 것이 좋다. 대형 학원은 대개 판서식 수업을 하는 경우가 많기 때문에 하 수준의 이해도로는 수업을 좇아가기 힘들다. 따로 일대일 케어를 받는다 해도 그 시간 내용을 모두 소화하지 못한다면 의미가 없다. 오래 머문다고 해서 그 시간을 모두 수학에 쏟을 거라는 기대는 접는 것이 좋다.

● 학원 등록 후 관리

등록 후 두세 달이면 학원 선생님도 아이도 서로 파악이 가능하다. 먼저 학원에 전화상담을 요청하여 궁금했던 부분, 그리고 학원을 다니게 한 목적이 있었다면 그것에 맞게 진행되고 있는지 등을 물어본다. 그리고 참여는 잘 하는지, 숙제를 해 가는데 무리가 없는 수준인지, 반 친구들과 차이가 많이 나지는 않는지도 확인한다. 학원 측에서 괜찮다고 하면 이제는 아이와 이야기한다. 아이의 입에서 "힘들지만 그럭저럭"이라는 말이 나왔다면 어느 정도 잘 적응한 상태인 반면, "너무 좋다!"고 표현한다면 학원에서 공부보다는 친구들과 노는데 시간을 많이 쓸 가능성이 높다. 혹시 "절대 안가!"라고 못박는 학원은 아이가 스트레스를 심하게 받고 있을 가능성이 크다. 학원을 너무 자주 옮기는 것은 효과를 제대로 보기힘들기에 지양해야겠지만, 3개월 정도면 어느 정도 파악이 가능하니 반드시 학원과 아이의 반응을 확인해 보길 권한다. 같은 회비로 들러리를 설지, 제대로 실력을 쌓을지는 엄마의 관리에 달려있다.

초4의 '수학주도력'을 위한
공동 관리 구역 만들기

*
*
*

　앞서 수학주도력을 위한 장기 계획과 단기 계획에 대해 알아보았다. 이전까지는 엄마가 '계획을 세우고' '관리'까지 모두 했다면 초4가 된 지금은 아이가 '관리' 영역부터 참여를 시작해야 한다. 그래야 5~6학년이 되었을 때 스스로 계획을 세우는 것이 가능해진다.

단기 계획을 재정비하자

　1년 정도 아이의 수학하는 모습을 봐 왔고, 4학년이 되어 아이의 변화가 눈에 보이면 계획도 그에 맞게 조금씩 수정해야 한다. 모자란 부분은 보충하고, 필요 없는 부분은 과감히 생략해야 효과적인 공부가 가능하다. 예를 들어 아이의 공부 모습에서 깊게 생각하는 시간이 필요해 보이면, 심화 수학 주 1회 또는 하루 3문제를 추가하는 방식 등으로 수정한다. 새로운 개념에 거부감이 심한 아이라면 매일 자기 전 5분간 수학동화를 읽어주는 것으로 수정한다. 꾸준한 연산이 힘들다면 학습지를 신청하거나 다른 종류의 동기부여를 하는 등의 변화를 주는 것도 방법이다.

공부를 1년 정도 해왔다면 가족들의 요일별 컨디션도 파악이 된다. 월요병을 유난히 심하게 앓는 집이 있고, 금요일쯤 에너지가 바닥나는 집도 있다. 상황에 맞게 아예 처음부터 요일별로 다른 내용을 공부하게 계획을 짜는 것도 도움이 된다. 또 엄마의 상황에 따라 일정에 변동이 있다면 그에 맞게 미리 계획을 짜서 혼란을 줄이는 것도 필요하다.

아이의 단원별 흥미도도 고려해 보자. 연산이 주 내용인 단원이 나올 때는 힘들다고 일주일 내내 징징거리는데, 자료의 정리 단원에서는 정한 시간에 비해 너무 빠르게 해치워버리기도 한다. 능력에 맞게 단원을 요일별로 잘 분배하면 좀 더 효율적으로 학습을 진행할 수 있다.

'그냥 해보지 뭐'라는 생각은 결국 흐지부지 되는 경우가 많다. 어떤 도전이든 계획표에 넣어 '일정'으로 만들어 관리해야 의도한 만큼 효과를 볼 수 있다. 이렇게 컨디션과 취향까지 생각해 가며 주별 계획을 짜는 이유는 포기하지 않기 위해서이다. 천편일률적으로 진행하면 아이도 어른도 감당하기 힘든 날은 반드시 생긴다. 그런 날이 주로 전쟁이 일어나게 되는 날이고, 아이의 잠든 얼굴을 보며 후회로 이불을 차게 되는 날이다. 아래 표는 각 학기별 수학 단원을 강약으로 분류한 내용이다. 습득에 힘든 정도를 고려하여 단기 계획을 수정하는 것도 도움이 된다.

	강(새롭거나 어려운 단원)	약(반복이거나 흥미도 높은 단원)
3-1	3. 나눗셈 4. 곱셈 6. 분수와 소수	1. 덧셈과 뺄셈 2. 평면도형 5. 길이와 시간
3-2	1. 곱셈 2. 나눗셈 4. 분수와 소수	3. 원 5. 들이와 무게 6. 자료와 정리
4-1	1. 큰 수 3. 곱셈과 나눗셈 4. 평면도형의 이동	2. 각도 5. 막대그래프 6. 규칙찾기
4-2	1. 분수의 덧셈과 뺄셈 3. 소수의 덧셈과 뺄셈	2. 삼각형 4. 사각형 5. 꺾은선 그래프 6. 다각형
5-1	2. 약수와 배수 4. 약분과 통분 5. 분수의 덧셈과 뺄셈	1. 자연수의 혼합계산 3. 규칙과 대응 6. 다각형의 둘레와 넓이
5-2	2. 분수의 곱셈 3. 합동과 대칭 4. 소수의 곱셈	1. 수의 범위와 어림하기 5. 직육면체 6. 평균과 가능성
6-1	1. 분수의 나눗셈 3. 소수의 나눗셈 4. 비와 비율	2. 각기둥과 각뿔 5. 여러 가지 그래프 6. 직육면체의 부피와 겉넓이

	강(새롭거나 어려운 단원)	약(반복이거나 흥미도 높은 단원)
6-2	1. 분수의 나눗셈 2. 소수의 나눗셈 4. 비례식과 비례배분	3. 공간과 입체 5. 원의 넓이-원주율, 지름 6. 원기둥, 원뿔, 구

학교 수업에서도 계통적으로 관련이 없는 (순서대로 배우지 않아도 되는)단원은 위의 표처럼 두 부분으로 나누어서 선생님 2명이 동시에 진도를 나가기도 한다. 컨디션에 맞게 에너지가 많이 드는 단원(강)과 편한 단원(약)을 나누어, 행사가 있거나 일정에 따라 에너지가 많이 소모되는 요일은 편한 단원을 배치하는 것도 집수학을 잘 이어나갈 수 있는 요령이다.

공동 관리를 시작하자

장기 계획은 체크리스트로 관리한다. 지금 하고 있는 부분이 전체에서 어느정도 되는지 눈으로 확인해야 집중할 수 있다. 단기 계획은 해빗트래커를 이용한다. 이를 통해 성취감을 만들어 가는 것이 필요하다. 4학년 정도면 엄마와 아이의 공동관리가 가능하다. 아이 스스로 직접 확인할 뿐만 아니라 수정하는 것에도 기회를 주어 조금씩 수학주도력을 키우는 준비를 해야 한다. 아래와 같은 체크리스트에는 동그라미를 해도 되고, 정답률이나 푸는데 걸린 기간을 기록해도 좋다.

● 장기 계획 체크리스트

학기	단 원	개념	유형	응용	심화	집중 훈련
3-1	1. 덧셈과 뺄셈					동수누가
	2. 평면도형					
	3. 나눗셈					
	4. 곱셈					
	5. 길이와 시간					
	6. 분수와 소수					분수(그림 반복)
3-2	1. 곱셈					
	2. 나눗셈					나머지가 있는 나눗셈
	3. 원					
	4. 분수와 소수					대분수-가분수 호환
	5. 들이와 무게					
	6. 자료의 정리					
4-1	1. 큰 수					끊어읽기- 자리수 의미 (수직선)
	2. 각도					
	3. 곱셈과 나눗셈					나눗셈 자리수 판별
	4. 평면도형의 이동					
	5. 막대그래프					
	6. 규칙찾기					
4-2	1. 분수의 덧셈과 뺄셈					같은 분모 분수의 덧셈, 뺄셈
	2. 삼각형					도형 정의 암기
	3. 소수의 덧셈과 뺄셈					

학기	단원	개념	유형	응용	심화	집중 훈련
4-2	4. 사각형					사각형 포함관계도
	5. 꺾은선 그래프					
	6. 다각형					복습 / 약수찾기 / 사칙 혼합계산(방학)
5-1	1. 자연수의 혼합계산					
	2. 약수와 배수					공약수구하기, 곱 표현, 최소공배수
	3. 규칙과 대응					
	4. 약분과 통분					
	5. 분수의 덧셈과 뺄셈					분수 덧셈, 뺄셈
	6. 다각형의 둘레와 넓이					
5-2	1. 수의 범위와 어림하기					
	2. 분수의 곱셈					분수 사칙연산(대분수 포함)
	3. 합동과 대칭					대칭(코팅지로 그리고 돌리기)
	4. 소수의 곱셈					
	5. 직육면체					
	6. 평균과 가능성					약수배수, 분수(복습)
6-1	1. 분수의 나눗셈					
	2. 각기둥과 각뿔					
	3. 소수의 나눗셈					
	4. 비와 비율					
	5. 여러 가지 그래프					
	6. 직육면체의 부피와 겉 넓이					

학기	단 원	개념	유형	응용	심화	집중 훈련
6-2	1. 분수의 나눗셈					
	2. 소수의 나눗셈					
	3. 공간과 입체					
	4. 비례식과 비례배분					
	5. 원의 넓이-원주율, 지름					
	6. 원기둥, 원뿔, 구					

체크리스트는 단순 확인용을 넘어, 아이가 스스로 본인의 장점, 기질을 파악하는데 도움을 준다. 어떤 단원을 푸는데 얼마나 걸렸는지 한 학기에 얼마나 성실히 공부를 해냈는지도 확인할 수 있고 빠지지 않고 모든 단원을 섭렵했다는 자부심도 가질 수 있다. 어느 요일에 힘들었는지, 어떤 때에 가장 하기 싫었는지도 체크하면 전체적인 컨디션 파악에도 좋고 단기 계획을 짜는 데도 도움을 받을 수 있다.

● **해빗트래커**

	월	화	수	목	금	★
1주	1	2	3	4	5	
2주	6	7	8	9	10	
3주	11	12	13	14	15	

	월	화	수	목	금	★
4주	16	17	18	19	20	
5주	21	22	23	24	25	

단기 계획용 해빗트래커는 위와 같다. 수학을 한 날에는 동그라미를 하거나 색칠을 한다. 중간에 일이 생긴다면 주말에 미리 당겨서 하고 체크한다. 마지막 별 칸에는 그 주에 힘든 문제에 도전한 횟수, 포기하지 않은 횟수를 세어 뒀다가 숫자로 적는다. 꽉 채워진 칸과, 어려웠던 순간을 이겨낸 횟수를 객관적인 숫자로 보면 성취감이 절로 생긴다. 물론 보상을 주는 것도 하나의 방법이다. 이맘때 아이들은 스티커나 포인트 등의 작은 보상에도 기뻐하니 적절히 이용하자. 문제집 앞이나, 아이 책상 위에 붙여 자주 확인할 수 있게 한다.

아이가 이런 관리를 귀찮아 하거나 잘 챙기지 못한다면, 공부를 마친 직후 시원하게 동그라미 치거나 '딱'소리나게 도장 찍는 과정을 일정 기간 챙겨야 한다. 완벽하게 마무리된 표를 들고 보상을 받는 기쁨을 누려본 아이는 그 다음 주도 열심히 기록하려 한다. 문제집 한 권을 다 풀어 냈을 때 받을 수 있는 책 한 권, 해빗트래커를 완성한 후 허락되는 문방구 쇼핑, 어려운 문제에 끝까지 도전한 횟수가 늘어나는 것에 감동한 엄마가 주는 보너스 간식 등 아이를 움직일 수 있는 여러 가지를 이용해서 아이를 적극적으로 참여시켜보사.

아이의 이해력이 높은 경우, 학년과 상관없이 계통적으로 진도를 나가기도 한다. '계통적'이라 함은 같은 분야의 내용을 학년에 상관없이 배우는 것인데, 예를 들면 '3학년 분수 개념 → 4학년 분수의 덧셈과 뺄셈 → 5, 6학년 분수의 곱셈과 나눗셈'처럼 이어서 진도를 빼는 방법이다. 같은 내용을 깊이 있게 다루니 진도도 빠르고 이해도 쉬울 수 있다고 생각하겠지만, 아이들이 생각보다 힘들어 하는 경우가 많다.

교육과정은 아이들의 발달단계를 고려하여 만든 것이다. 임의로 진도를 나가면 학교 수학은 학교 수학대로, 진도는 진도대로 구멍이 생기는 경우가 많다. 게다가 앞서 말했듯 중고등학교에서 나오는 고난도 문제는 머릿속에서 기하, 대수, 함수 등의 영역을 자유자재로 넘나들 수 있어야 풀리는 경우가 많다. 계통수학은 진짜 수학을 하는 나중을 위해서도, 아이들의 연령별 뇌 발달과의 균형을 위해서도 적절하지 않다. 대신 마지막 복습에서는 효과를 낼 수 있는 방법이니 나중을 위해 남겨두고, 지금은 학년에 맞게 진도를 나가는 것이 좋다.

초4의 '문제해결력'을 키우는
문제 풀이 코칭

✳
✳
✳

초3에서 처음 수학을 하며 개념을 익히고 문제를 해석하는 연습을 했다면, 초4에서는 몰입과 정리에 힘을 쏟아야 한다. 수학의 재미는 문제가 해결되는 것에 있다고 할 만큼 문제 풀이는 큰 역할을 한다. 그리고 문제가 풀리는 재미를 느끼기 위해 가장 신경 써야 할 것은 아이에게 맞는 문제집을 고르는 일이다. 간혹 성향에 따라 문제집에서 필요한 문제만 골라서 풀게 하는 경우도 있는데 그리 추천하지 않는다. 단원평가 준비 등의 특별한 목적으로 문제집을 푸는 것이 아닌 한, 문제 전체를 풀게 하여 정답률을 확인하는 것이 문제집을 제대로 활용하는 방법이다. 전문가들이 아이들의 수준을 끌어올리기 적합한 문제를 적절한 순서로 배치하여 만들어신 것이 문제집인 만큼, 심혈을 기울여 선택했다면 그 문제집을 온전히 활용하여 꼼꼼히 실력을 다지는 것이 좋다.

진정한 문제 풀이는 오답 정리까지다

문제 풀이를 할 때는 반드시 아래의 순서를 따라야 한다. 아이들은 단계를 따르는 중, 푸는 것까지는 무리 없이 하지만 채점과 오답 정리는 귀찮아하는 경향이 있다. 하지만 이 과정이 없이는 아무리 열심히 몰입해서 문제를 풀어도 문제해결력은 상승하지 않는다.

문제를 처음 대하는 초2~3때는 문제 해석만 잘 해내도 칭찬하여 사기충전 해주는 것이 필요하다. (이때는 틀리더라도 한 번 정도 다시 생각해 보게 하는 정도면 충분하다.) 하지만 4학년이 되었을 때도 이전과 같이 오답, 피드백을 거치지 않으면 문제집을 여러 권 풀더라도 실력은 계속 제자리일 수밖에 없다. 그러니 학습에 들인 시간만큼 효과를 보고 싶다면 초3 후반부터는 반드시 오답 정리, 피드백을 챙겨야 한다.

〈문제 풀이의 단계〉

① 몰입: 끈기있게 풀기

② 오답 정리: 설명 가능한 수준의 이해

③ 피드백: 문제-개념 연결 아이디어 정리

아이가 문제 풀이를 할 때 엄마의 역할 중 가장 중요한 것은 '기다림'이다. 문제 풀이의 각 단계에서 엄마가 해야 하는 기다림에 대해 자세히 알아보자.

몰입을 만드는 힌트의 타이밍

엄마는 아이가 틀린 문제, 또는 모르는 문제에 끝까지 도전할 수 있도록 격려하고 기다려야 한다. 고등수학 고수라면 당연히 가지고 있는 '문제에 대한 끈기'는 선천적인 것이라 생각하는 경우가 많다. 물론 그럴 수도 있다. 하지만 내가 봐온 그들은 '본능이 될 때까지' 의식적으로 훈련하기를 게을리하지 않았다.

문제 풀이의 첫 단계는 머릿속 개념방 점검이다. 당연하지만 상당히 귀찮은 과정이다. 선생님이나 해답지의 도움이면 빠르게 해결이 가능한데 구태여 고민해야 한다는 사실이 번거롭게 느껴진다. 하지만 그 과정을 차근히 밟지 않으면, 자신의 능력으로 해결한 것이 아니기에, 똑같은 문제를 만나면 또 틀릴 수밖에 없다. 게다가 잘 정리해 두었던 머릿속 개념도 인출 과정이 없었기에 빠른 속도로 휘발되어버린다. 때문에 처음부터 '정답을 내 손으로 낼 수 있을 때까지 고민하는 것'이 너무도 당연하게 여겨지도록 훈련을 해야 그 태도가 고등수학 때까지 이어진다. 의도적으로 만들지 않으면 본능적으로 쉬운 길을 택하게 될 수밖에 없다.

지금 아이가 풀고 있는 문제집은 아이의 수준에 맞게 고른 것이기에 개념을 뒤져가며 몇 번을 연거푸 고민하면 풀리는 문제가 대부분일 것이다. 문제를 모르겠다고 이야기하면 개념 부분을 펼쳐줘서라도 다시 한번 확인해 보는 과정을 반드시 거쳐야 한다. 그래도 풀리지 않는 문제는 그 다음날 다시 보면 쉽게 풀리는 경우도 많다. 또, 문제집 한 권을 다 푼 후 틀린 문제만 점검을 하면, 그때 저절로 풀리는 문제도 있다. 고민 과정을 거쳐 문제가 풀릴 때의 희열을 느껴본 아이라면 수학을 싫어할 수가 없다. 그것이 바로 몰입이며, 수학의 재미이다. 물론, 문제에 따라 아무리 고민을 해도 끝끝내 풀지 못하는 경우도 분명 있을 것이다. 정답률 80%가 나오는 문제집이라면 오답률 20%에 해당되는 부분이다. 이때는 힌트를 조금씩 흘려 주는 것이 좋다. 여기서 중요한 포인트가 있다. 힌트를 줄 거라면 위에서 말한 것처럼 그렇게 몇 번이나 고민을 하게 할 필요가 있을까? 처음부터 힌트를 줘서 기분 좋게 풀게 하는 건 어떨까?

힌트는 타이밍의 영향을 아주 많이 받는다. '몰입 후의 힌트'와 '처음부터 주어진 힌트'는 같은 내용이더라도 아이들은 완전히 다르게 받아들인다. 수업시간에 진도에 쫓겨 생각할 시간을 생략하고 바로 어려운 문제를 풀이해야 할 때가 있다. 어려운 문제이니 풀이 준비에도 시간을 많이 들였고 정성 들여 설명도 하지만, 아이들은 귀는 닫고 눈만 뜨고 있는 느낌으로 그저 풀이를 베껴 적는 데 열중할 뿐이다. 그렇게 열심히 풀이를 베껴 적은 아이들의 열에 아홉은 '언젠가는 펼쳐보겠지'라는 마음으로 노트를 덮어버린다. 그 모습을 보고 있으면 문제 연구에 들인 시간이 아깝다는 생각까지 든다. 하지만 똑같은 문제를 학교 시험에 출제한 후, 시험 이후에 풀어주면 반응은 정반대다. 시험 시간 동안 그 문제를 풀어내기 위해 최대한 몰입했지만 결국 풀어내지 못한 아이들은 풀이를 듣자마자 "와~대박! 왜 그런 쉬운 방법이 안 떠올랐지!"라고 격하게 소리를 지르며 그 즉시 풀이를 머릿속에 저장시킨다. 즉, 문제 풀이에서 중요한 것은 '문제를 해결하는 것'이 아니라 해결을 위해 '고민하는 것'이다. 아이가 어려워하는 것에 대해 쉬운 방법으로 설명해 주고 싶고 힌트를 주고 싶다는 생각이 든다면, 일단은 꾹꾹 눌러 참고 아이 스스로 도전을 마칠 때까지 기다려야 한다. 얼굴이 벌개질 때까지 고민을 한 아이에게 넌지시 알려 준 힌트는 잊고 싶어도 잊을 수가 없을 정도로 강렬하게 각인될 수밖에 없다.

단, 힌트를 줄 때 주의할 점이 있다. 바로 엄마의 '모드'를 조절하는 것이다. 엄마는 모르는 것이 없다는 전지전능한 모드로 시작하면 학년이 올라가고 난이도가 높아지는 문제에서 곤란해지는 경우가 생길 수 있다. 쉬운 내용이더라도 엄마가 함께 고민하는 티를 내면서 '혹시, 이거?'라는 뉘앙스로 힌트를 던져주면, 그 문제에 대해 몰입했던 아이들은 귀신같이 힌트를 낚아챌 수 있다. 엄마가 아는지 모르는지, 그 힌트에 대해 확신이 있는지 없는지는 전혀 중요하지 않다. '혹시나'라는 엄마의 힌트를 자신이 활용해서 문제를 풀어냈다는 사실은 아이에게 대단한 자신감을 만들어 줄 테니 말이다.

오답 정리 쉽게 하기

문제집을 푸는 이유는 틀린 문제를 확인하여 자신이 취약한 부분을 보충하기 위해서이다. 하지만 아이들은 유난히 틀린 문제에 속상해한다. 마치 문제 하나에 본인의 인생이 걸린 것처럼 눈물을 뚝뚝 흘리기도 하고 책상을 내려치기도 한다. 아이에 따라 자세히 설명해 준 엄마에게 죄책감을 가지거나, 이것마저 못 푸는 본인을 싫어하기도 한다. 어른이 보기에는 그냥 틀린 문제일 뿐이지만 아이에게는 인생의 좌절이다. 이런 상황에서는 '가장 속상한 건 아이 본인임'을 인정해 주는 것이 우선 되어야 한다. 그렇게 진정이 되었다면, 속상하겠지만 다 맞는 문제집을 푸는 것은 시간 낭비이며, 문제집은 틀리라고 푸는 것이라는 메시지를 지속적으로 던져야 한다.

가끔 아이가 풀고 있는 문제집의 수준이 맞지 않거나 양이 과하게 많아 문제가 되는 경우도 있다. 아이의 반응이 걱정된다 싶을 때는 '이래도 되나' 싶을 정도로 양을 줄이고 수준을 낮춰 자신감을 회복하고 다시 돌아오는 방법을 써보자. 학교에서 보면, 특히 중하위권 아이들은 답을 적는 것에만 집착하는 경우가 많다. 이런 모로 가도 서울만 가면 된다는 태도는 학원 숙제에 익숙해서 그런 것 같기도 하다. '안다'가 아니라 '했다'에 의미를 부여하기 때문이니 말이다. 의미 없는 공부를 하지 않기 위해 어릴 때부터 오답 정리는 당연하다고 여기도록 챙겨야 한다. 아이의 수학을 다른 이의 손에 맡기더라도 오답을 했는지 체크하는 것만큼은 마지막까지 엄마가 챙겨야 하는 이유다.

'한 문제에 몇 번이나 도전할 것인가'는 문제 수준과 아이의 성향에 따라 다르게 적용해야 한다. 하지만 문제 푸는 것에 어느 정도 적응이 된 고학년쯤 되면 풀 수 있을 때까지 도전하는 것도 좋다. 정답률이 80%인 문제집을 골라야 하는 이유도 한 문제집에 끝까지 도전할 문제가 너무 많으면 도전 자체를 포기하는 경우가 생기기 때문이다.

틀린 문제를 다시 푸는 방법은 여러 가지가 있다. 오답 노트를 만들 수도 있고, 사진을 찍어서 편집할 수도 있다. 개인에 맞게 고르면 될 일이지만, 중요한 것은 번거롭지 않아야 한다는 것이다.

다음 사진처럼 초등 저학년 때는 노트에 풀기 힘드니 문제집 여백에 바로 풀이를 한다. 틀린 풀이는 그 위에 포스트잇을 붙여 풀이를 가린 후, 다음날 다시 풀게 한다. 포스트잇도 종류가 상당히 많은데, 큰 걸로 사서 풀이가 가려질 정도로 적당히 접어서 사용한다.

초등 고학년이 되어서는 처음부터 노트에 문제를 풀게 한다. 문제집에는 맞고 틀린 것만 표시하는 것이다. 다음 두 장의 사진은 중학생들에게 오답 노트 쓰는 법을 알려주기 위해 직접 쓴 예시이다. 중학생을 대상으로 만들긴 했지만, 이 정도는 계속 수학을 해온 초등 고학년이라면 충분히 가능하다. 문제집이 깨끗한 상태로 풀면 여러 번 반복해도 부담이 없다.

<저학년 용 오답정리>

<고학년 문제집>

<고학년 풀이 노트>

아이가 여러 번 도전했으나 엉뚱한 곳에서 헤매고 있다 싶을 때는 직접적인 힌트 보다 관련 개념이나 비슷한 문제를 함께 찾는 것도 도움이 된다. 비슷한 문제의 풀이법을 보면서 유추해서 생각할 수 있으니 직접적으로 힌트를 듣는 것보다 더 능동적으로 학습할 수 있다. 예를 들어 수직선의 한 칸의 길이가 얼마인지 계산해 내지 못할 때, 풀이가 있는 수직선 그림이 있는 예제를 확인하는 식이다. 그렇게 문제를 풀었다면 그 풀이는 일단 포스트잇으로 가려두고 넘어간다. 그렇게 남의 아이디어로 푼 문제는 곧 머리를 떠나기 쉽기 때문에 그날 공부를 마친 후나 그 다음날 공부를 시작하기 전에 아무 힌트 없이 한 번 더 풀어보는 과정을 반드시 거쳐야 한다. (그 날 할 것인지, 그 다음 날 할 것인지는 아이의 성향에 맞게 결정한다.) 혹시 힌트를 보고도 다시 풀어 내는데 어려움이 있다면, 풀이 강의를 듣고 그 다음날 다시 풀어본다. 경험적으로 봤을 때, 어떤 종류의 학습이든 평균적으로 연속 3일을 반복하면 결국은 머릿속에 스며든다. 수학실력을 키우는 데 본인의 수준에 맞는 문제집을 '씹어 먹는' 것이 효과적인 이유다. 이런 과정을 통해 충분히 문제집을 소화시키는 작업을 하면 실력이 껑충 뛰어오르는 모습을 확인할 수 있게 된다.

수학 아이디어를 정리하는 피드백

문제해결력을 기르기 위해 엄마가 해야 할 것이 기다림이라면,

이이가 익혀야 할 것은 '피드백'이다. 문제를 풀다 보면 아이는 요령을 터득하게 된다. 그런데 그 요령이라는 것은 문제를 직접 풀어봐야 알 수 있는 것이다. '개념'과는 달리 그 어디에도 내가 알아듣기 좋게 정리되어 있지 않다. '경험적 지식'인 이유다. 즉, 열심히 문제를 풀어서 획득한 경험적 지식을 잘 정리해 두는 것이 피드백의 핵심이다. 제 손으로 문제를 풀어낸 순간을 기쁨의 하이파이브로 끝내 버리면 그저 '내 한 몸 불태운 기억'으로만 남을 뿐이다. '풀어 냈다'도 중요하지만, '뭘 알아냈는지를 기억하는 것'은 더 중요하다. 수학 고수들은 이럴 때 머릿속에 콕 박힐 수 있는 자신의 언어를 사용하여 정리한다. 초등수학은 기억해야 할 내용이 많지 않으나 고등으로 갈수록 그 내용은 기하급수적으로 늘어난다. 지금부터 기록하는 습관을 들여야 고등수학에서도 문제 풀이에서도 적용할 수 있다.

개념을 익힌 후 처음 문제 풀이를 할 때는 '이렇게 푸는 게 아닐까?'로 시작하는 것이 당연하다. 그러나 시험장에서까지 문제를 감으로 풀어선 곤란하다. 보는 순간 'A와 B의 개념을 섞은 문제'임을 떠올릴 수 있어야 시간 내에 모든 시험문제를 고득점으로 마무리 할 수 있다. 그런 이유로 수학문제 풀이의 아이디어를 내 언어로 기억하는 과정은 필수다. 실제 예를 보며 정제된 단어나 깔끔한 정리와는 다른, 그 느낌을 확인해 보자. 다음은 5학년 2학기에 나오는 점대칭도형의 개념과 문제이다.

<점대칭 도형 개념>

1) 점대칭도형 : 한 도형을 어떤 점을 중심으로 180°돌렸을 때 처음 도형과 완전히 겹치는 도형

2) 대칭의 중심 : 이 때 기준이 되는 어떤 점을 '대칭의 중심'이라고 합니다.

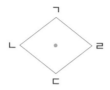

참고: 대칭의 중심인 점 (·)를 중심으로 180°돌렸을 때,

점 ㄱ의 대응점은 (점 ㄷ)입니다.

변 ㄱㄴ의 대응변은 (변 ㄷㄹ)입니다.

각 ㄴㄱㄹ의 대응각은 (각 ㄹㄷㄴ)입니다.

대칭의 중심은 도형의 모양에 상관없이 항상 (1)개입니다.

[문제] 다음 중 점대칭도형을 찾아 모두 O표 하시오

이 문제에서 점대칭 도형을 찾는 자신만의 방법을 정리한 예를 보자.

1. 점대칭 할 때, 대응변을 말할 때는 시작점과 끝점을 유의해서 석어야 한다.

→ 점대칭 대응변 쓸 때: 시작점, 끝점 조심

2. 점대칭 할 때, 대칭의 중심인 점에 송곳을 찍어 반 바퀴 돌린 종이 위의 도형을 상상하자.

→ 점대칭 그림 : 중심 송곳, 종이 반 바퀴

3. 점대칭도형을 그릴 때는 대칭 점부터 모두 찍고, 그 점들을 연결하여 그리자

→ 점대칭도형 작도 : 일단 점, 그리고 연결

4. 점대칭의 중심은 당연히 하나다!

→ 점대칭 중심 : 무조건 1개

아이들은 같은 장소, 같은 시간, 같은 선생님에게 위와 같은 개념을 배운다. 하지만 자신이 소화시킨 정도에 따라 자신의 언어로 정리한 아이디어의 양은 아이에 따라 천지차이다. 자신만의 백과사전을 머릿속에 품고 있는 아이는 어떤 어려운 문제를 가져와도 자신만만할 수밖에 없다.

<문제 아이디어 간단 정리>

어릴 때는 정리할 능력이 다소 부족할 수 있다. 엄마가 아이의 설명을 듣고 한두 번 요약해서 정리하는 법을 알려주고 쓰게 하면 아이도 해낼 수 있다. 그렇게 정리해 둔 내용은 복습할 때 핵심 자료로 쓰이며, 이후 아이가 스스로 요약 노트를 만들고, 시험을 준비할 때도 크게 도움을 받을 수 있다.

〈틀린 문제 정리 과정 한눈에 보기〉

1일차 : 틀린 문제 개념 보며 다시 풀기 → 안 풀리면 표시하기

2일차 : 다시 도전 → 안 풀리면 힌트 받아 끝까지 풀기 → 풀이 포스트잇으로 가려두기

3일차 : 힌트 없이 혼자 힘으로 풀어보기 → 자신만의 표현으로 정리, 기록

초4의 '연산력'을 키우는
시기별 집중 훈련

*
*
*

초4 1학기의 집중 훈련

● 3단원 <곱셈과 나눗셈> 개념 학습 후 : 나눗셈 자리수 판별

나눗셈에서 몫과 나머지가 몇 자리인지를 짐작하는 것은 문제 풀이 속도를 높이는 데 큰 역할을 한다. 문제지를 받아 들고 머릿속으로 나누기가 되는지 안되는지, 된다면 어느 정도인지 가늠할 수 있는 것은 고등학교 수학까지 필요한 능력이다.

무료 시험지 사이트에서 '3-2 (세 자리)÷(한 자리)', '4-1 3단원 (세 자리)÷(두 자리)'에서 순서대로 학습지를 출력해보면 다음 예와 같이 몫, 나머지가 몇 자리인지 묻는 문제가 나온다. 단번에 하려면 어려우니 3학년의 쉬운 나눗셈부터 시작하자. 처음에는 나눗셈을 직접 하여 정답을 확인해 보고, 적응이 되었다면 검산은 생략해도 좋다. 하루 20문제씩 2주 이상 연습한다.

[예]

176 ÷ 86

1) 직접 계산하지 않고 문제만 읽고 몫이 몇 자리인지 확인

📖 86은 176에 10번 이하로 들어가니(86×10=860) 몫은 1자리

2) 나머지는 몇 자리인지 확인

📖 나머지는 나누는 수보다 작아야 하기 때문에 2자리 이하

3) 직접 나누어서 맞는지 확인 (나누기 연습이 충분히 되었다면 이 과정은 생략 가능)

$$
\begin{array}{r}
2 \\
86\,\overline{)\,1\ 7\ 6} \\
1\ 7\ 2 \\
\hline
4
\end{array}
$$

초4 2학기의 집중 훈련

• 1단원 <분수의 덧셈 뺄셈> 개념 학습 후 : 같은 분모 분수의 덧셈, 뺄셈

같은 분모 분수의 덧셈, 뺄셈이 자유롭지 않으면 당연히 5학년에 나오는 다른 분모의 분수 계산에서 큰 어려움을 겪게 된다. 약수, 통분, 최대공약수의 개념과 더불어 반드시 체화 되어 있어야

할 내용이다. 혹 내분수가 섞인 계산을 어려워한다면 3학년 집중
훈련 부분 중 대분수-가분수 변환을 먼저 연습해야 한다.

무료 시험지 사이트에서 4-2 1단원 '같은 분모 분수의 덧셈, 뺄
셈'에서 순서대로 학습지를 출력하여 하루 20문제씩 한 달 이상
연습한다.

[예]

$$3\frac{3}{11} + 1\frac{9}{11} = 5\frac{1}{11}$$

● 2단원 <삼각형>, 4단원 <사각형> 개념 학습 후 : 도형 개념 암기

도형의 정의와 성질은 암기를 해야 하며, 그 중에서도 '사각형의
포함 관계'는 반드시 그림으로도 그려보아야 한다. 이후에는 지금
배우는 도형을 기초로 좀 더 심화된 내용이 나오기 때문에, 이때
확실히 암기를 하고 넘어가야 한다. 아래 예처럼 괄호를 채우거나,
좀 더 익숙하다면 이름만 주고 스스로 개념을 직접 쓰게 하자. 쓰
는 것을 부담스러워한다면 말로 해보게 하는 것도 좋다. 혹, 단원
평가가 있다면 평가 일주일 전, 3일 전, 하루 전에 다시 확인한다.

<학습지 예: 아이가 놓친 부분만 직접 만들기>

도형 개념 확인

1. 삼각형 : (   )으로 둘러싸인 도형

2. 사각형 : (   )으로 둘러싸인 도형

3. 직각삼각형 : (   )이 (   )인 삼각형

4. 정삼각형 : (   )이 (   )인 삼각형

5. 이등변삼각형 : (   )의 (   )가 같은 삼각형

6. 정삼각형은 이등변 삼각형에(을) (포함된다/ 포함한다)

7. 직사각형 : (   )이 (   )인 사각형

8. 정사각형 : (   )이 (   )인 사각형

9. 정사각형은 직사각형에 (을) (포함된다/ 포함한다)

초4 겨울방학에 준비하는
초5 대비 집중 학습

✳
✳
✳

　4학년 겨울방학은 반드시 수학에 투자해야 한다. 1~4학년의 내용을 간단하게라도 복습한 후에 5학년 예습에 들어가야 하기 때문이다. 5학년 수학은 초등학교 수학의 모든 단원을 통틀어 가장 난도가 높고 내용이 많다. 게다가 5학년 내용은 이후 학년의 수학과 밀접하게 연계되어 있다. 지금 소개하는 훈련은 간단한 이해와 반복 연습으로 익힐 수 있는 내용이다. 늘 그렇듯, '가볍게' '매일'이 포인트이다.

집중 복습하기

● 연산 총 복습

무료 시험지 사이트에서 세 자리 수 연산 학습지를 출력한다. 덧셈 뺄셈 혼합 계산 20문제씩 20일, 곱셈 나눗셈 혼합계산 20문제씩 한 달간 연산 시간에 풀게 한다.

● 교과 총 복습 : 개념 정리

초3~초4 동안 풀었던 문제집을 가져온다. 개념 문제집에서 '정리 부분'만 훑으며 확인 질문을 한다. 제대로 말하지 못하는 개념은 소리 내어 세 번 정도 읽게 한 후 한 번 더 확인하는 정도면 충분하다. 3~4학년 내용은 생각보다 많지 않다. 마음먹고 일주일이면 끝날 분량이니 부담 갖지 말자. 지금 한 번 짚어주면 6학년 총 마무리 때 훨씬 수월하다.

● 교과 총 복습 : 오답 총정리

그동안 틀렸던 문제 위주로 다시 풀어 본다. 두세 번 다시 푼 후 최종적으로 못 푼 문제가 남아 있을 것이다. 그 문제만 오려서 비슷한 단원이 나오는 5학년 문제집에 미리 붙여 두자. 그 문제를 만날 때가 되면 아마 쉽게 풀이할 수 있을 것이다.

집중 예습하기

● 약수 찾기

약수는 어떤 수를 나누어 떨어지게 하는 자연수를 말한다. 약수를 구하는 방법은 여러 종류이고, 뭐든 편한 것을 사용하면 되지만, 문제는 속도다. 약수를 찾는 속도가 빠르면 공약수 찾기도 쉽고, 통분도 쉽다. 장기적으로 중학교 인수분해 속도까지 빨라진다. 게다가 이 훈련을 하다 보면 수의 크기와 약수의 개수가 비례하지 않는다는 것도 알게 되고, 뒤에 나올 개념이지만 소수에 대해서도 어렴풋이 알게 된다. 이 시기에 집중적으로 연습을 하고 시작하면 빠른 속도의 문제 풀이가 가능해지니 필살기로 만들어 두자.

1~50까지 중 아무 자연수나 5개를 골라 준다. 아이에게 예처럼 직접 써서 그 수들의 약수를 모두 찾게 한다. 방학 내내(두 달 정도)하면 어떤 수를 말하더라도 약수를 줄줄 말할 정도가 되어 있을 것이다.

[예]

48의 약수를 구하세요.

(→자신이 아는 가장 작은 수의 곱으로 표현해 보고, 그 수들의 곱으로 약수를
만든다.)

<간편하게 약수 구하는 방법>

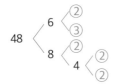

➡ 48 = 3×2×2×2×2

       3×16

       6×8

       12×4

       24×2

➡ 48 = 1×48

   = 2×24

   = 3×16

   = 4×12

   = 6×8

➡ 48의 약수: 1, 2, 3, 4, 6, 8, 12, 16, 24, 48

• 사칙 혼합 연산

자연수의 사칙연산은 이미 각각 배웠다. 이제는 모두 섞여 있는

사칙 혼합 연산을 집중 훈련한다. 순서만 주의하면 될 것 같지만 머리와 손은 다르게 움직이는 경우가 많다. 중학교 다항식 연산까지 적용되는 기본 규칙이니 반드시 숙달 시켜야 한다.

무료 시험지 사이트에서 5-1 '사칙 혼합 연습'에서 순서대로 학습지를 출력하여 하루 20문제씩 한 달 이상 푼다.

[예]

$$33 + 5 \times \{16 - (3+5) \div 2\} = 93$$

집중력 늘리기 훈련하기

초5가 코앞인데도 여전히 산만한 아이들이 있다. 5학년이 되면 슬슬 아이들 간의 격차가 나기 시작하는데 속도가 느리더라도 집중력이 있는 아이는 이때 치고 올라가는 경우가 많다. 하지만 집중력이 제대로 만들어져 있지 않으면 결코 중간 이상 올라가지 못한다. 집중력이 부족한 아이는 반드시 별도의 훈련을 해야 한다.

1분 타이머를 정해두고 아이에게 쉬운 수준의 연산을 풀게 하자. 1분 동안 다른 생각이나 다른 행동은 일체 하지 않고 문제에만 집중하는 것이다. 1분을 해내면 보상(간단한 간식)을 준다. 쉬운 문제로 1분을 성공했다면 그보다 높은 수준의 문제를 주고 다시 1분 집중에 도전한다. 수준을 높여서 성공했다면 다시 쉬운 문제로 1분30초, 좀 더 높은 수준으로 1분30초, 이런 식으로 시간을 늘려간다. 산만한 아이도 집중적으로 한 달 정도만 훈련하면 집중력을 키울 수 있다. 아이들은 이 훈련을 통해 '자신도 집중할 수 있다는 사실'을 체험하게 되고 자신감을 키우는 계기가 된다. 의도적으로 훈련시간을 가져보자. 경험자로서 추천하는 방법이다.

수학 고수가 수학을 잘할 수밖에 없는 이유

수학 고수의 열정

중고등학교 수학 고수들의 특징 중 가장 눈에 띄는 것은 '문제를 풀고자 하는 열정'이다. 그들은 질문을 썩 많이 하는 편은 아니지만, 공부 시간을 쪼개어 교무실을 방문할 때는 해결해야 할 분명한 과제를 가지고 온다. '자신의 풀이에서 오류가 생긴 부분을 찾지 못하겠다'거나, '해답지에서 뜬금없는 공식이 나왔는데, 어떻게 그런 풀이를 할 수가 있는지' 등을 해결하는 것이 바로 그것이다. "이 문제 모르겠어요, 알려주세요!"라고 문제도 대충 읽은 채로 (학원 숙제를 가져와)질문하는 보통 아이들과는 상당히 대조적이다. 해답지를 한 줄 한 줄 뜯어먹을 기세로 분석하고 끈기 있게 고민했기에

209

가능한 질문이다.

수학은 관련 지식이 풍부하면 좋은 결과가 나오는 성격의 과목이 아니다. 반드시 무의식에서 오는 '영감'이 더해져야 한다. 그리고 그 영감을 이끌어 내는 것은 '풀이를 열망하는 의식적 노력과 긴장' 즉, 수학 고수들에게서 볼 수 있는 '문제를 풀어내겠다는 열정'이다. 그렇다면 그 열정이라는 것은 타고난 기질이나 성격에서 비롯된 것일까?

학교에서는 수학문제로 머리를 싸매는 걸로 유명하지만 다른 친구들이 대부분 만점 받는 줄넘기 2단 뛰기 30개 테스트는 3개로 마무리하는 아이도 있고, 단체 등산을 갔을 때 산 중턱에 앉아 다른 아이들이 정상을 찍고 돌아오는 것을 기다리는 얌체도 있다. 즉, 이들은 '뭐든지' 끈기 있게 하는 게 아니라 '승부를 볼 만한 것'에만 집중한다. 즉, 수학만큼은 내가 최고라는 믿음이 있고, 어려운 문제를 봐도 '나니까 결국에는 풀 수 있을 것'이라 생각하기에 끈기 있게 잡고 늘어질 수 있는 것이었다. 그런데 그 아이들은 하고 많은 것 중에 왜 하필 그 어렵다는 수학에 승부를 걸려는 것일까? 나는 뒤에서 수학 1등인 아이가 수학문제를 들고 끙끙대거나, 수학 관련 근자감(근거 없는 자신감)을 표현하는 경우는 본 적이 없다. 잘해본 경험이 있는 아이여야 자신감을 가질 수 있고, '이 문제도 조금만 고민하면 풀릴 것 같은데'라는 생각이 드니 끝까지 도전하는 것이다. 즉, 할만해 보여야 도전한다. '끈질기게 도전하니 잘하게 되고, 나 좀 잘하는 아이이니 좀 어렵다는 다른 문제에도 도전해 보고 싶다'라는 태도는 어느 분야에서나 적용되는 선순환의 개념이다. 그렇다면 초등 때 부모는 대체 어떤 방법으로 코치해야 이 선순환을 시작시킬 수 있을까?

선순환의 시작점

결혼하기 전, 아버지는 내가 주방에서 요리하는 걸 싫어하셨다. 요리할 시간에 수업 준비나 더 하라는 취지였다. 덕분에 결혼 전 내가 할 줄 아는 요리라고는 밥통에 있는 밥으로 시판키트를 이용해 유부초밥을 만드는 것이 전부였다. 하지만 결혼한 지 3년이 지난 시점, 나는 어른 밥 레시피를 기반으로 한 이유식 책을 냈고, 제빵사 자격증도 땄다. 지인들은 내게 요리에 관한 것들을 묻는다. 요리 초보였던 내게 요리의 선순환을 시작시켜 준 것은 무엇이었을까? 뇌 과학 기반 학습 전문가이며 인지심리학자인 김미현 작가는 뇌의 변화에 대해 이렇게 이야기한다.

> 뇌는 변화의 방향을 의도하고 출발하지는 않는다. 그때 그때 이득이 되는 방향으로 움직일 뿐이다. 뇌는 변화를 통해서 정서적으로 '좋다'고 느끼는 효과를 얻고 싶어 한다. 기준이 이성적인 판단에 있지 않다는 점을 주목해야 한다. 감정적으로 먼저 판단해 놓고 이성적인 것처럼 포장하는 일

에 능숙하다. 그렇게 하는 것이 정서적으로 가장 이득이 되기 때문이다.[9]

　나의 요리 선순환을 시작시킨 사람은 남편이었다. 남편은 밥이 타면 불 맛이 난다고 좋아했고, 밥이 질면 소화가 잘돼서 좋다고 했다. 뭘 해도 잘한다 맛있다 하는 말을 듣다 보니 나는 진짜 내가 요리에 소질이 있다고 생각하는 지경에 이르렀다. 인터넷에 맛있어 보이는 요리가 보이면 무조건 도전했으며, 정신을 차려보니 '유기농 김치 식빵'을 만들어 보겠다고 김치를 담고 있었다. 나는 뇌의 특성에 따라 움직이고 있었고, 남편은 꽤나 똑똑했다.

　조금 다른 경험을 예로 들긴 했지만, 뇌의 특성에 따라 인간이 움직이는 것은 사실이다. 아이의 수학 공부에 있어서도 그렇다. 아이의 뇌가 '수학 공부해'라고 명령을 내리게 하려면 수학을 해서 기분 좋은 경험을 많이 만들어야 한다. 하지만 수학이 요리와 마냥 같지 않은 것은, 무작정 칭찬이 아닌 '잘해서 받는 칭찬'이 필요하기 때문이다. 요리는 참고 먹으면 되지만, 참는다고 틀린 수학문제가 맞게 변하지는 않으니 말이다. 틀렸는데 엄마가 칭찬을 해대면 아이는 수긍하기 힘들다. 영혼 없는 칭찬이 오히려 비난보다 힘들게 느껴질 수도 있다. 문제는 여기서 시작된다. 엄마가 거짓말쟁이가 되지 않으려면 아이는 푸는 문제마다 다 맞아야 한다. 그런

9　김미현, 『14세까지 공부하는 뇌를 만들어라』 (메디치미디어, 2017), pp.53

데 과연 그것이 가능한 일인가? 지금 당장 떠오르는 우리 집 아이를 생각해 보면 알 수 있듯, 처음부터 수학을 잘하는 아이는 없다. (그렇지 않은 1%의 아이를 키우는 엄마라면 이 책을 집어 들지도 않았을 것이다.) 그렇다면 잘하지도 않는 아이를 영혼을 담아 칭찬할 수 있으려면 대체 어떤 방법을 사용해야 할까. 일반적으로 '잘한다고 느끼게 되는' 방법은 두 가지다.

첫 번째, '진짜 잘하는' 것이다. 풀려고 도전하는 문제마다 답이 다 맞다면 당연히 내가 잘한다고 느낄 수밖에 없다. 칭찬도 필요 없는 경우다.

두 번째, '잘 할 만한 것에 도전하는' 것이다. 내 수준에 맞는 것에 도전하면 답이 맞을 확률이 높아진다. 일단은 맞았으니 첫 번째와 마찬가지로 스스로 잘한다고 느낄 수 있다.

시야가 좁고 엄마의 피드백이 가장 중요한 초등 아이에게 적용해야 할 방법은 당연히 두 번째다. 즉, 우리가 해야 하는 일은 아이가 넘을 만한 적당한 허들이 있는 코스를 선택해 작은 성공을 만들어 주는 것이며, 그것이 바로 그 선순환의 시작 포인트이다.

아이이게 맞는 심화 수학

심화 수학에 대한 의견이 분분하다. '어릴 때부터 수준 높은 문제를 쥐고 오랜 시간 고민해야 사고력이 생긴다'는 말에 동의하는 쪽과 반대하는 쪽이 있다. 당연하다. 그 말은 반은 맞고 반은 틀린 말이기 때문이다. 어떤 아이에게는 심화 문제가 '도전할 만한' 문제일 수 있지만 또 다른 아이에게는 '지구인은 풀 수 없는 수준'의 문제라고 느껴질 수도 있는 일이다. 하지만 나를 포함한 대부분의 엄마가 보기에 수학 좀 하는 아이가 풀고 있는 '심화 문제집'은 상당히 매력적이다. 의사가 입고 있는 흰 가운의 느낌과 비슷하다고 할까. 같은 의미로, 심화 문제집의 첫 바닥부터 비가 좍좍 내리는 우리 집 아이의 수준을 보고 있자면 '이.생.망(이번 생은 망했다는)'이 아닐까 라는 생각도 든다. 하지만 엄마의 만족을 위해 준비되지 않은 아이에게 그것을 들이미는 것은 기껏 쌓아온 수학의 좋은 느낌을 한번에 뒤엎는 위험한 행동임을 간과해서는 안된다. 누구든 인정할 수밖에 없는 아주 예쁜 옷이라도, 그 옷을 살지 말지는 '내게 어울리는가'에 의해 결정되는 것이니 말이다.

'심화 문제를 얼마나 많이 푸는가'보다 중요한 것은 '꾸준히 자신의 수준에 맞는 수학문제를 해결하는 중인가'이다. 좋은 느낌의 공부를 계속 이어가려면 아이에게 맞는 심화가 필요하다. 어떤 아이에게는 최상급 문제집이 심화지만 우리 아이에게는 교과서가 심화일 수 있다. 그리고 그 기준은 계속 수학을 하고 있다면 우상향 하기 마련이다. 즉, 심화라는 말에 집착하지 말고 그저 꾸준히 '아이에게 맞는 것'을 하게 하여 성공 경험을 쌓고 좋은 느낌을 누적하다 보면, 때가 되어 아이도 그런 어려운 것에 도전하고 싶은 날이 온다. 그리고 그것이 아이의 뇌를 '하는 방향으로' 움직이는 가장 자연스럽고 빠른 선순환의 시작점이다. 아이가 수학에 관심을 가지고, 잘하고, 끈기 있게 붙잡고 있기를 바란다면 우리가 해야 할 것은 명확하다. 바로 'Something worth doing' 즉, '할 만한 것'을 제시하는 것이다.

5장

초등 5학년,
수학 자립 시작하기

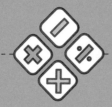

보통의 초5 수학머리
들여다보기

✳
✳
✳

　초5, 빠른 경우 사춘기가 시작된다. 부모님보다는 친구들과의 관계를 더 의식하며, 본인이 어떻게 보일까에 신경을 쓴다. 소위 '타인'을 의식하기 시작하는 시기이다. 더 이상 엄마의 권위가 맹목적으로 받아들여지지 않고, 지시에는 아이가 납득할 수 있는 이유가 동반되어야 한다. 그만큼 조금 더 어른에 가까워졌다는 뜻이다. 눈앞의 초콜릿보다는 본인과 관련된 것에 더 관심을 가지기 시작하는 때인 만큼 공부에 대한 생각도 조금은 진지해진다.

진지함이 생기는 시기

　초5 수학은 초등학교를 통틀어 가장 분량이 많다. 게다가 중고등까지 연결되는 중요한 개념들이 집중적으로 나온다. 이 시기에 제대로 공부해 두지 않으면 이후에 갑자기 잘하게 되기는 당연히 어렵다. 그럭저럭 넘어가더라도 그 '그럭저럭'이 원인이 되어 이후 어딘가에서 걸려 넘어진다. 혹 이 시기에 학교 수학부터 어려움이 있어 보인다면 지체 말고 학년을 내려가서 기초를 다져야 한다. 구멍을 메울 수 있는 최적기이기 때문이다. 이 시기에 제대로 하지 않고 중학교에 올라온 아이들은 결국 학원에서 요령을 배워 시험에 응할 수밖에 없으며, 그 결과 또한 노력에 비해 턱없이 아쉽다.

<중1 최대공약수>

```
2 ) 24   36
2 ) 12   18
3 )  6    9
      2    3
```

$2 \times 2 \times 3 = 12$

∴답 : 12

중학교 1학년 교실. 최대공약수를 구하는 문제에서 아이들은 대부분 위처럼 풀이를 썼다. 그 아이들에게 질문했다.

"왜 그렇게 풀이를 쓴 거야? 최대공약수의 정의랑 비교해서 설명해 줄 수 있어?"

이 질문에 곧바로 대답하는 아이가 2명이 채 되지 않았다는 사실은 당황스럽기까지 했다. 최대공약수는 초5에서 배웠던 내용이고 이 대답이 나오지 않았다는 것은 기초가 잡혀 있는 아이가 한 반에 2명도 채 되지 않는다는 뜻이기 때문이다. 초5의 수학은 중학교 수학의 간단 버전이며 예를 든 것처럼 이후에는 약간 깊어지는 수준으로 내용이 반복된다. 이 시기를 잘 보내면 중학교 수학이 그렇게 부담스럽지 않으며, 혹 사춘기의 영향으로 방황하는 기간을 생각하더라도 돌아오는 길이 훨씬 수월할 수 있다.

변화를 유도하는 자극 주기

아이에 따라 다르겠지만 초3부터 꾸준히 수학 공부를 해왔다면, 이제는 조금씩 습관이 자리 잡히고 있음이 느껴질 것이다. 초2 때는 문제 한 줄을 못 읽어 내어 고생하던 아이들도 이때가 되면 심화 문제를 풀어보려 하기도 하고, 주위 친구들이 선행 개념에 대해 이야기하는 모습에 자극을 받기도 한다. 때로는 꿈을 이루기 위해 스스로 마음을 다잡기도 한다. 아이의 모습을 잘 관찰하여 조금이라도 의지가 생겼을 때를 놓치지 않아야 한다. 실력보다 약간 높은 과제로 아이의 승부욕을 자극해 보거나, 주변 학원의 테스트 또는 모의고사 등으로 동기부여를 하는 것도 아이의 실력을 업그레이드할 수 있는 좋은 방법이 될 수 있다. 부모가 개입하며 아이의 수학 공부를 도와줄 수 있는 마지막 시기이다.

초5의 '수학주도력'은
수학 자립의 시작

*
*
*

수학 자립을 위한 걸음마 떼기

1936년 초판되어 세계적으로 6천만부가 넘게 팔린 데일 카네
기의 인간관계론에 이런 말이 있다.

다른 사람으로 하여금 어떤 일을 하게 만드는 유일한 방법은 다른 사람이 원하
는 것을 주는 것이다. 사람들은 무엇을 원하는가? (…) 미국의 가장 뛰어난 철학
자 중 한 사람이었던 존 듀이 교수는 조금 다르게 표현했다. 듀이는 인간 본성
의 가장 깊은 충동은 '중요한 사람이 되고픈 욕망'이라고 말했다. (…) 존D. 록
펠러는 중국 북경에 돈을 쾌척해 자신이 한 번도 본 적이 없고 앞으로도 보지
못할 사람들을 위한 병원을 세움으로써 자신이 중요한 사람이 된 것처럼 느꼈

다. (…) 역사는 자신이 중요한 사람이라는 느낌을 얻기 위해 분투했던 유명한 사람들의 흥미로운 사례로 가득 차 있다.[10]

인간은 자신의 존재 가치를 인정받는 것에 본능적으로 관심이 많고, 머리가 굵어진 아이들도 그 본능에 따라 움직이기 시작한다. 초등학교 5학년 정도가 되면 더 이상 다른 사람의 지시만으로 움직이지 않는다. 즉, '엄마가 기뻐한다'는 이유로 공부해 온 아이를 과거와 같은 방식으로 끌고 가려 하면 갈등은 깊어질 수밖에 없다. 초4가 되면서 조금씩 본인의 수학 공부 관리에 참여해 왔다면 이제는 스스로 계획을 짤 때가 되었다. 하지만 과연 믿고 맡겨도 될 만큼 아이는 '스스로 할 수 있는 힘'을 가지고 있을까?

아이에게 주도권을 넘겨야 하는 이유

매일 수학 시간에 알람으로 시작을 해 왔다면, 이삼 일 정도 알람이 울렸을 때 아무것도 하지 않고 있어보자. 아이가 "수학할 시간인데?"라고 묻는 다면 수학 시간이 생활의 일부가 되었다고 볼 수 있다. 이제는 '스스로 해야' 더 잘할 수 있는 시기이다.

초5가 된 이후 엄마는 해마다 한 걸음씩 물러서야 한다. 밥을 하든 죽을 쑤든 '때를 맞춰 먹을 걸 찾게'는 만들어 뒀으니 '굶어 죽

---

10 데일카네기, 『데일 카네기 인간관계론』, 임상훈 옮김 (현대지성, 2019), pp.41–45

지만 않으면 된다'는 심정으로 주도권을 넘겨주자.

'저녁 ○시 수학 시간'이 3년 차에 들어설 때 즈음, 엄마의 역할은 그저 그림자 정도면 된다. 여태 엄마가 크고 작은 계획을 세우고 체크리스트의 항목을 만들었다면 이제는 하나 둘 아이에게 넘긴다. 물론 여태껏 엄마가 짜 주었던 계획표와는 상당히 차이가 있을 것이며 말도 안 되는 시간 배치에 놀랄 수도 있다. 하지만 애써 눈을 감아야 한다. "겨우 그거 하고 놀겠다고?"와 같은 비난, "하나만 더 넣어보지 그래?"라는 충고, "그 시간에는 그것보단 다른 걸 하는 게 나아. 왜냐하면…"라는 가르침, "그 과목은 주말에 넣어. 넌 너를 모르니?" 류의 지시, "두 시간 동안 계획만 짜고 앉아 있니! 이번만 엄마가 해 줄게!"와 같은 업무대행 등등. 이 모든 엄마의 욕구를 꾹 참아야 한다.

앞서 소개했듯 세계적인 거부 록펠러는 일면식도 없는 사람들을 위해 병원을 세웠고, 그 이유는 '단지 중요한 사람이라고 느끼고 싶기 때문'이었다. 아이는 스스로 세운 계획을 지키고 확인하는 행위를 통해 본인의 인생에서 본인이 꽤 중요한 사람이라는 것을 느낄 것이고, 그 과정을 지켜보는 엄마의 반응에 따라 자신의 느낌이 틀리지 않았다는 것을 확인하게 될 것이다.

24시간 중 20시간을 공부 시간으로 잡은 계획표를 만들어서 보여줄 지라도 "어~ 잘했네! 이번 주도 든든하겠는 걸?"이라고 한 발짝 떨어진 칭찬을 해 주어야 한다. 계획의 10분의 1도 못 지켜낸 모습에도 "아~ 뭐가 잘 안됐어? 엄마 보기엔 괜찮던데 뭐가 문제였을까?"라며 3인칭 관점에서 지지해야 한다. 아이가 스스로 세운 계획을 엄마가 하찮게 취급하거나, 엄마가 중요한 사람이 되려 그 계획에 끼어든다면 아이는 공부의 마지막 끈을 놓아버릴 수도 있다. 지금이야말로 여러 번 시행착오를 해볼 수 있는, 그래야만 하는, 바로 그 시기이다.

초5의 '문제해결력'을 키우는
문제 풀이 마무리

*
*
*

초5에서는 문제 풀이의 마무리 단계이자 가장 중요한 단계인, 식과 풀이를 논리적으로 쓰는 방법에 대해 살펴보자.

효율적으로 수학 공부를 하려면

학습은 효율적이어야 한다. 그리고 과목의 특성에 따라 그 '효율'은 다르게 정의되어야 한다. 영어는 말을 잘 해도 잘하는 것이고 어려운 책을 읽어도 잘하는 것인 반면, 수학은 '풀이에 오류가 없고 답도 정확해야' 맞는 것이고 잘하는 것이다. 즉, 수학은 손으로 풀이를 정확하게 써내야 정답으로 인정된다. 강의를 듣는 것만으로 답을 맞힐 수 없고, 친구가 풀어주는 것을 이해했더라도 내 손으로 다시 쓸 수 없다면 아는 것으로 인정받지 못한다. 때문에 수학은 시작도 쓰기, 마무리도 쓰기여야 한다. 이 시기에 반드시 해야 할 쓰기 연습은 '노트에 모든 풀이 과정을 나열'하는 연습이다. 내 머릿속 생각의 흐름을 정리해서 써보면, 오답이 나왔을 때 잘못된 부분을 빠르게 찾을 수 있다. 게다가 풀이를 쓰면서 공부를 하면 생각이 다른 곳으로 흐르지 않게 되어 집중을 유지할 수 있으며, 이전 문제해결력에서 언급했던 '문제의 아이디어 찾기'도 한결 수월해진다. 아래는 초등학교 1학년 수학 교과서에 수록된 문제 예시이다.

[문제] 우리반 학생은 모두 18명입니다. 우리 반 학생에게 빵을 하나씩 나누어 주려고 하는데 빵은 13개가 있습니다. 빵이 몇 개 더 필요한지 생각해 보세요.

식: □-□ =□
답: (   )개

이렇게 네모 칸까지 친절하게 그려주며 식 쓰기를 유도하는 이유는 처음부터 식을 쓰지 않으면 자신의 사고를 정리하는 법을 배우기 힘들기 때문이다. 어릴 때는 논리적인 사고가 불가능하기에 하루에 한 문제 정도만 식 쓰는 연습을 하면 된다. 하지만 아이의

수학머리 성장이 더딘 편이라면 3학년 때부터 서서히 연습을 시작해도 늦지 않다. 하루 분량의 문제를 다 푼 후에 서술형 문제 하나를 골라 식을 쓰는 연습으로 시작해서 조금씩 양을 늘린다. 4~5학년 즈음에는 모든 문제를 노트에 푸는 습관이 만들어져야 한다.

논리적으로 식과 풀이를 써야 할 때

이전 단계에서는 한글 문제를 읽고 그림으로 표현하는 연습을 했다. 그림을 그리면서 문제 상황을 상상하는 것에 적응이 되었다면, 이제는 그 그림을 식으로 표현하는 연습이 필요하다. 그리고 그 시작은 '핵심 식을 쓰는 것'에서 시작한다. 한글로 적혀 있는 문제를 읽고 이해한 후, 한글을 전혀 모르는 외국 사람에게 숫자와 기호만을 사용하여 문제의 내용을 전달하는 일종의 '번역'과 같은 개념이라 생각하면 좋다. 아이가 혼자서 식 만드는 것을 힘들어 한다면 아래 그림처럼 식 세우기를 도와주는 문제집의 도움을 받으며 시작해 본다.

[문제] 태준이는 어제 만화책 한권의 $\frac{1}{3}$ 을 읽었고, 오늘은 나머지의 $\frac{2}{5}$ 를 읽었습니다. 오늘 읽은 만화책 부분은 전체 만화책의 얼마입니까?

[풀이]

(어제 읽고 남은 만화책의 양) = 1-□=□

전체 만화책 중 오늘 읽은 만화책의 양 = □×$\frac{2}{5}$ =□

　네모를 채우는 것으로 시작하지만 조금 익숙해졌다면 풀이 전체를 필사하는 것도 도움이 된다. 풀이에서 꼭 적어야 할 것, 핵심식을 이끌어 내는 방법 등을 보고 익히는 것이다. 연습을 통해 핵심이 되는 식을 쓰는 것이 편해졌으면, 등호(=)를 기준으로 줄을 맞춰 풀이를 써 내려가는 연습이 필요하다. 중학생 중에서도 서술형 문제에서 등호를 끝도 없이 늘여 쓰며 답안을 작성하는 아이들이 많다. 아래의 예에서도 알 수 있듯 등호를 '좌변, 우변이 같다'는 기호로 사용한 것이 아니라, '좌변을 계산한 결과가 우변'이라는 느낌의 '화살표' 대용으로 사용하기 때문이다. 이렇게 서술형 풀이를 쓰게 된다면 5점 만점에 1점 정도 받거나 채점 기준에 따라 0점을 받을 수도 있다.

[문제] 1063+217-425-50 를 계산하세요.

(틀린 풀이) 1063+217 = 1280-425 = 855-50 =805

(바른 풀이) 1063+217-425-50

         = 1280-425-50

         = 855-50

         = 805

마지막으로 중요한 것은 '논리적 근거'이다. 이 과정은 서술형 답안 작성에서 가장 중요한 부분이지만, 조금만 신경 쓰면 해결되는 부분이기에 앞 단계를 충분히 체화한 후 연습하면 된다. '논리적 근거'의 구체적인 내용은 뒤에 나오는 '초6에는 초등수학 전체 정리와 중등수학 예습' 부분에서 자세히 설명한다.

초5의 '연산력'을 키우는
시기별 집중 훈련

*
*
*

초5 1학기의 집중 훈련

● 2단원 <약수와 배수> 개념 학습 후 : 두 수의 공약수, 최대 공약수 찾기

4학년 겨울방학에 약수 찾기를 완벽하게 끝냈다면 이 과정은 더 수월할 것이다. 이후에도 계속 반복적으로 나오는 내용이므로 구구단을 외우듯 빠르게 생각해 낼 수 있어야 한다. 중학교에서는 스킬 위주로 푸는 경우가 많기 때문에 이 시기에 개념을 다지는 것이 중요하다. 1~100사이의 숫자 중 2개씩 3쌍을 골라 공약수와 최대공약수를 찾게 하는 방법으로 연습한다. 최소 한 달 이상은 연습해야 자연스럽게 머리에서 떠올릴 수 있다.

<참고> 최대공약수 찾기 적합한 두 숫자 고르는 법

아래 ⓐ, ⓑ 그룹 중 하나를 골라, 그 그룹 내에서 서로 다른 두 숫자를 고른다.

ⓐ 2의 배수 (구구단 2, 4, 6, 8단)

ⓑ 3의 배수 (구구단 3, 6, 9단)

[예]

15와 54

(ⓑ그룹의 구구단 3단, 6단에서 임의로 하나씩 고름)

[풀이]

15의 약수 (1, 3, 5, 15)

54의 약수 (1, 2, 3, 6, 9, 18, 27, 54)

공약수 (1, 3)

최대공약수 (3)

초5 2학기의 집중 훈련

● **2단원 <약수와 배수> 개념 학습 후 : 두 수의 곱셈 표현과 최소공배수 찾기**

이 과정은 통분을 하기 위한 기초작업이다. 숫자만 봐도 머릿속에서 약수의 곱으로 표현할 수 있을 정도로 연습한다. 계산 없이도 두 숫자의 최소공배수를 떠올릴 수 있을 정도가 되면 분수 계산은 정말 쉬워진다. 다음 방법으로 네 쌍씩 한 달 이상 연습한다.

① 1~50까지의 수 중에서 두 수를 골라(앞의 〈참조〉에서와 같은 방법으로) 각각 여러 수의 곱으로 쪼개기

② 앞선 방법 ①을 이용하여 최소공배수 찾기

<참고>

[예]

48과 30 (3의 배수 중에서 두 수를 고름)

처음에는 정의에 충실하여 [풀이1]처럼 쓰지만, 한 달 정도의 훈련 후에는 최대공약수가 한눈에 보이기에 [풀이2]처럼 쓰는 것이 가능해진다.

[풀이1]

48= (2×2×2×2×3)

30= (2×3×5)

최대공약수: 2×3 → 두 식에서 공통인 부분

최소공배수: (2×2×2×2×3×5=240) → 겹치지 않게 모두 나열한 곱

[풀이2]

48=(6×8)

30=(6×5)

최대공약수 : (6)

최소공배수 :(6×8×5=240)

● 2단원 <분수의 곱셈> 개념 학습 후 : 분수의 곱셈

대분수가 섞여 있는 식에서 아이들은 약분 실수를 많이 한다. 대분수의 정수부분을 곱하기로 착각하기 때문이다. 이 역시 '손'으로 익히는 노력이 필요하다. 마지막 답을 기약분수로 적어내는지까지 꼼꼼히 확인한다.

무료 시험지 사이트에서 '5-2 분수의 곱셈' 중 대분수가 섞여 있는 문제를 출력하여 하루 20문제씩 2주 이상 연습한다.

[예]

$$2\frac{3}{4} \times 3\frac{1}{5} \times \frac{5}{12} = \frac{11}{4} \times \frac{16}{5} \times \frac{5}{12}$$

$$= \frac{11}{3}$$

$$= 3\frac{2}{3}$$

초6에는 초등수학 전체 정리와 중등수학 예습

*
*
*

　초3~초5의 시기에 초등학교 수학을 모두 끝내야 하는 명확한 이유는 '복습' 때문이다. 아무리 단계적으로 잘 다져 왔어도 뒷부분 공부를 하다 보면 앞 부분은 잊어버릴 수밖에 없다. 게다가 초등학교 내용을 완벽하게 다지지 않고서는 중학교 내용이 편해질 수 없다. 초5까지 초등수학의 전 과정을 끝낸 후 6학년 1학기에는 다시 한번 초등수학 전체를 정리하고, 2학기에 중학교 수학 예습에 들어간다. 이전 장에서 '수학 공부를 잘하려면 낯선 것을 줄이면 된다'라고 한 말을 기억할 것이다. 어디든, 무엇이든 처음은 힘들고 낯설고 어렵다. 하고 싶어서 하는 게임조차 하는 방법을 알아야 재미를 느낄 수 있는데, 머리를 쓰는 수학은 더 말할 것도 없다. 때문에 중학교 들어가기 전에 미리 눈도장이라도 찍어 낯선 느낌을 줄여 두어야 자신감 있게 시작할 수 있다.

초등수학 vs 중등수학

아래는 열심히 정복해 온 초등학교 수학과 처음 마주하는 중학교 수학의 차이점이다. 어떤 내용이 낯설게 느껴질 것인지, 그래서 어디에 초점을 두고 예습해야 할지 생각해 보자.

① 중학교 수학은 초등학교보다 추상화 된 내용이 등장한다. 익숙했던 '네모' 대신 문자 'x'와 'y'를 사용해야 하고, 실생활에서 쓰지 않는 '음수'의 개념뿐 아니라 유리수, 실수의 개념까지 받아들여야 한다.
⇨ 문자의 사용에 익숙해져야 한다. $2x$, $x+2$, x^2의 차이점, 그리고 동류항의 계산이 자연스러워질 때까지 훈련이 필요하다.

② 초등학교 때의 개념은 정의보다는 성질이 많았다. 즉, '(두 자리 수)×(두 자리 수)의 계산은 이런 방법으로 한다'는 How to 종류였다면, 중학교에서는 '일차 함수 $y = ax + b$의 꼴에서 a는 기울기, b는 y절편이라고 한다'는 Promise 종류가 많다. 즉, 단순 암기가 반드시 필요한 내용이 있고, 그 내

용은 실생활과 관련이 없기에 이해가 어렵다.

⇨ '정의'를 암기했다면 그 정의가 쓰이는 환경에서 많이 다루어 보아야 한다.

예1) 직선의 기울기와 절편 암기: 좌표평면에서 위치 확인, 기울기를 이용해서 그래프 그려보기

예2) 삼각형의 합동조건 암기: 삼각형을 여러 개 중 합동인 것 여러 쌍 찾고 이유 쓰기

③ 공식이 시작되는 지점부터 전개되는 과정을 모두 알고 있어야 하는 '정리'도 있다. '인수분해 공식'을 외우더라도 그 공식이 어디서 시작되었는지 어떻게 유도되는지 쓸 수 있어야 관련 심화 문제를 풀어낼 수 있다.

⇨ 유도과정을 이해해야 한다. 특히 교과서에 나와 있는 '정리의 도입부'는 서술형 풀이 과정에서 응용되는 경우가 많다.

● 6학년 1학기 : 초등수학 총 복습

처음 수학을 학습할 때는 가볍게, 천천히, 생각하며 해야 하지만 복습은 이와는 다르다. 빠르게, 순서대로, 일목요연한 정리가 필요하기 때문에 복습 때는 계통적으로 학습하는 것이 좋다. 초등학교 수학은 총 5개의 영역으로 이루어져 있으며 이 중 3개의 영역('수

와 연산', '도형', '측정')에 주로 집중되어 있다. 따라서 주요 세 영역을 집중적으로 복습하고 나머지 두 영역, '규칙성', '자료와 가능성'에서는 수학용어와 개념정도만 확인하면 충분하다. 영역별로 아래 순서에 맞춰 복습한다.

① 개념 확인

  : 해당 교과서로 개념을 한 번 빠르게 훑어 본다.

② 복습

  : 그동안 정리해 둔 아이디어들을 한 번씩 쭉 훑어보고, 오답 체크 해둔 문제들을 풀어 본다.

③ 문제집

  : 시중에서 계통으로 정리된 문제집을 골라 풀고 오답 정리 한다.

영역	학년	내용
수와 연산	3	분수, 소수
	4	분수, 소수의 덧셈과 뺄셈
	5, 6	약수와 배수, 분수의 통분, 분수와 소수의 사칙연산
도형	3	평면도형, 원
	4	각도, 사각형, 다각형
	5	합동과 대칭, 직육면체
	6	각기둥, 각 뿔, 원기둥, 원 뿔, 구
규칙성	5	규칙과 대응
	6	비와 비율, 비례식
측정	3	길이, 시간, 들이, 무게
	4	각도
	5	다각형의 넓이
	6	원, 직육면체의 겉넓이와 부피
자료와 가능성	4	그래프의 종류
	5	평균
	6	여러 가지 그래프

● 6학년 2학기 : 중학교 1학년 수학 예습

중학교 1학년 수학 내용은 다음과 같다.

〈1학년 1학기〉

- 소인수분해 : 소인수분해, 최대공약수와 최소공배수
- 정수와 유리수 : 정수와 유리수, 정수와 유리수의 계산
- 문자와 식 : 문자의 사용과 식의 계산, 일차방정식의 풀이, 일차방정식의 활용
- 좌표평면과 그래프 : 좌표와 그래프, 정비례와 반비례

〈1학년 2학기〉

- 기본도형 : 기본도형, 위치관계, 작도와 합동
- 평면도형 : 다각형, 원과 부채꼴
- 입체도형 : 다면체와 회전체
- 통계 : 자료의 정리와 해석

1학기 2단원까지는 초등학교 복습만 잘되어 있으면 어려울 내용이 없다. 하지만 3단원부터는 아이들이 힘들어 하는 문자가 본격적으로 등장한다. 숫자만 다루던 아이들이 추상적인 문자를 다루고, 그 문자가 들어있는 방정식을 풀고, 방정식 중에서도 가장 고난도인 활용 문제까지 해결해야 한다. 중1에서는 이 부분이 고비다. 초등학교 복습이 생각보다 오래 걸리더라도, 적어도 중1 3단원까지는 예습하고 입학해야 하는 이유다.

중학교 수학 공부는 초등과 다르지 않다. 교과서와 개념서를 보

고 내용을 이해한 후에 예제를 풀며 다진다. 유형별로 문제를 풀고 응용이나 심화에 도전한다.

예비 중학생이 되었으니 이제는 아이가 스스로 교재를 고르는 것이 좋다. 단, 학원 교재로 쓰이는 책은 제외하도록 미리 귀띔해 두자. 수업용 교재는 추가 설명이 필요한 경우가 많고 숙제 내는 데 편리하게 편집된 경우가 많기 때문이다. 혼자 공부할 때는 선생님의 강의가 필요 없을 정도로 개념 설명이 상세하고 예제 풀이가 자세한지에 초점을 두고 골라야 한다.

중등수학 엿보기
● 중등 내신의 핵심 : 서술형 평가

학교 내신시험은 교과서 수준으로 출제된다. 한 반 30명 중에 3~4명은 90점 이상을 받는 난이도이니 그리 어렵게 느껴지지 않을 것이다. 하지만 아이들이 부담스러워하는 것은 늘어나는 서술형 문항이다. 2022년부터 내신 시험의 50%가 서술형이 되었다. 진도를 나가기 위해 문제집만 푼다거나 개념만 달달 외워서는 제대로 점수를 받기 힘들다. 그렇다고 아주 어렵거나 완벽한 답안을 요구하는 수준은 아니니, 반드시 들어가야 할 내용과 용어를 알고, 그것을 명확하게 쓰는 연습만 되면 충분하다. 서술형 풀이를 쓰는 방법은 이렇다.

- '수학 기호' 사용하기
  : 한글로 주절 주절 풀어 쓰지 않아야 한다.
- 단계가 바뀔 때마다 논리적 근거 쓰기
  : 암산으로 가능한 계산과정을 생략하는 건 괜찮지만 사고의 흐름을 알 수 없을 정도로 과정을 생략하지 않는다.
- 결정적인 순간, '아이디어' 쓰기
  : 관련 개념이나 풀이의 결정적 아이디어는 적절한 곳에 정확하게 써야 한다.

처음에는 완벽한 답안을 쓰기 힘들다. 게다가 이제는 엄마가 하나하나 알려줄 수도 없다. 서술형 연습을 혼자 하는 방법 중 가장 추천하는 것은 교과서의 '서술형 문항'이라고 표시된 문제의 풀이를 스스로 작성해 본 후, 모범 답안과 한 줄 한 줄 비교하여 부족한 부분을 메우는 연습을 하는 것이다. 여러 번 하는 중에 그 알고리즘에 익숙해지는 것이 중요하다. 욕심내지 말고 하루에 두세 개씩만 쓰는 것으로 시작해 보자.

서술형 풀이 작성에는 요령이 필요하다. 주절주절 부연 설명을 덧붙이지 않더라도 '내가 이 모든 내용을 알고 썼으며, 논리적 허점이 없다'는 강력한 인상을 줄 수 있는 방법을 써야 하는데, 가장 효과적인 방법은 바로 그 문제의 '핵심 공식'을 추가로 쓰는 것이다. 여태껏 해왔던 아이디어를 정리하는 습관이 제대로 들어 있다면 이 부분도 크게 어렵지 않다.

● 중등 내신의 마무리 : 수행평가

중1 1학기는 자유 학기제이기에 공식적인 내신시험은 없다. 하지만 대부분 초등학교 단원평가처럼 학교 자체적으로 형성평가를 실시한다. 생활기록부에 기록할 근거자료가 필요하기 때문이다. (이 책이 쓰인 2023년에는 2학기 시험은 있으나 성적에 직접 반영되지는 않는다.) 2학년부터는 학기당 수행평가가 40% 이상의 비율로 내신에 반영된다. 수행평가 비중이 꽤 높기에 수행평가에 충실했다면 지필고사(중간고사, 기말고사)를 망치더라도 좋은 성적을 받기도 한다.

수행평가 항목은 교사마다 다르지만, 일반적으로 미니 테스트를 치기도 하고 과제나 노트정리를 넣기도 한다. 때에 따라 모둠별로 프로젝트 활동을 하고 그 결과를 반영하기도 하는데, 학기가 시작될 때 평가 계획을 공개하니 반드시 확인해 두어야 한다.

수행평가는 주관적인 요소를 배제하기 위해 출제할 때 함께 '채점 기준표'를 만들어 둔다. 즉, 답안이 채점 기준표에 맞아야 좋은 점수를 받을 수 있다. 가끔 여학생들이 형형색색, 예쁜 필체로 정성을 들여서 과제를 제출하는데도 불구하고 발로 쓴 듯한 남학생의 것보다 점수를 잘 받지 못할 때가 있다. 채점 기준표에만 근거하여 점수를 매기기 때문이다. 따라서 수행평가 과제물을 제출할 때는 교과서에서 연습해 둔 '서술형 문제 답안을 작성할 때 필요한 요소'를 기준으로 필요한 내용이 다 들어 있는지, 논리적 허점이 없는지 점검하는 것이 좋다. 이를 위해 초등 때부터 준비해야 할 것은, 논리적으로 풀이를 쓰는 방법을 익히는 것이다. 서술형뿐만이 아니라 수행평가를 위해서도 해답지를 보며 한 줄 한 줄 체크하며 보완하는 연습이 필요하다. 중학교에 들어가서는 학교 내용을 따라가기도 절대적으로 시간이 부족하다. 초6 마지막에 반드시 챙겨두어야 할 부분이다.

아이의 수학은
수학 자신감에서 시작된다

학교 수학의 힘!

초등수학을 논할 때면 주로 나오는 이야기가 선행, 심화, 사고력 등이다. 다 좋다. 그러나 이 모든 것들 보다 우선되어야 할 것이 바로 '학교 수학'이다.

해마다 방학이 지나고 학교에 등교하는 아이들 중에는 한두 명의 슈퍼스타가 꼭 등장한다. 그들은 방학 동안 도대체 어떻게 공부를 한 건지, 직전 시험과 비교도 안 될 정도로 수직 상승한 성적표를 받아든다. 기특한 마음에 "어떻게 그 어려운 걸 해낸 거야?"라고 물어보면 돌아오는 대답은 대부분 비슷하다.

"마지막 시험에 충격 먹고, 이번 방학 때 진짜 열심히 했어요. 태어난 이후로 가장 많이 공부한 것 같아요. 제가 원래 수학 좀 하는 아이였는데 잠시 놀았거든요."

이처럼 아이가 '나는 원래 수학 잘하는 아이'라는 믿음을 가지고 있다면, 당장 점수가 높게 나오지 않더라도 공부 의지를 불태울 계기가 생길 때 치고 올라갈 가능성이 충분하다. 사실, 초등학교 시험 성적표에는 등수가 직접 찍혀 나오진 않기에 못하는 아이가 딱히 표나지 않는다. 하지만 잘하는 아이는 어떤 방식이든 드러나며, 다른 아이들도 귀신같이 눈치챈다. 게다가 '수학은 어려운 과목'이라는 인식 때문인지 다른 어떤 과목보다 수학을 잘하는 아이가 훨씬 더 존경 어린 시선을 받는다.

- 짝이 주는 쪽지에 '너는 수학을 잘해서 좋겠다'라는 부러움 섞인 한 문장을 마주하는 순간.
- 어려운 문제로 고민하는 친구를 스스럼없이 도와주는 순간.
- 선생님이 "백 점 받은 사람 손 들어 볼까?"라고 할 때, 벌름대는 콧구멍을 숨기며 번쩍 손 드는 순간.

이런 긍정적인 경험이 누적되며 수학 자신감은 업그레이드 된다. 아이의 내면에 장착된 자신감은 '결정적인 때의 수학 한방'을 만드는 핵심 요소이다. 언제든 의지가 생겼을 때 에너지를 쏟아붓게 만드는 내면의 힘이 바로 자신감이기 때문이다. 그렇기에 초등 시기엔 처음부터 끝까지 수학 자신감을 만드는 일에 집중해야 한다. 학교 수학을 잘하게 만드는 것은 그 자신감을 키우는 가장 빠른 방법이다.

초등 시절 학교 수학을 잘하는 방법은 간단하다. 학교에서 배우기 전에 예습을 하고, 결과가 공개되는 단원평가 준비를 하며, 속도를 올릴 수 있는 연산을 반복하는 것. 그게 전부다. 특히, 학교 시험을 체계적으로 준비하는 것에 익숙해져야 한다. 단원평가가 예고되어 있다면, 7~10일 정도 기간을 정해 시험 범위를 3~4번 반복 공부한 뒤 시험에 응할 수 있도록 연습이 필요하다.

초등 때 시험 준비를 해 보지 않은 아이들은 시험에 대해 무감각하다. 초등학교 때 시험을 준비하는 과정이 몸에 익지 않은 아이가 중학생이 되었다고 해서 시험공부 계획을 짜고 분 단위로 공부하게 되는 일은 없다. 걱정은 되지만 뭘 어떻게 해야 할지 몰라 마음만 불안해하며, 허둥지둥 시험에 응하는 경우가 대부분이다. 중학교 2학년부터는 고입에 반영되는 실전 성적임에도 불구하고, 시험 준비 기간에 제대로 공부하고 있는 아이는 한 반에 5명이 채 되지 않는다. 실제로 중학교 첫 중간고사를 친 날의 종례시간, 교실에 들어가 보면 여학생은 반 이상이 울고 있고, 남학생들은 애꿏은 쓰레기통에게 화풀이를 하고 있다.

결국 수학은 본인이 해야 한다. 부모가 해 줄 수 있는 것은 본인이 의지가 생겼을 때 치고 나갈 수 있는 힘을 키워 놓는 것 정도에 지나지 않으며. 초등 때 집중해야 할 것은 바로 그 힘의 근원인 학교 수학을 챙기는 것이다. 그야말로 학교 수학의 힘이다.

초3~초6에 나오는 각 학년 수학 개념

수학 개념에는 반드시 포함되어야 하는 수학용어가 있다. 개념을 공부할 때는 이 용어가 머릿속에 들어 있는지 확인해야 한다. 엄마가 그 용어가 무엇인지 알고 있어야 확인할 수 있으니 미리 읽어 보고 아이를 점검하자. 아래의 표에서 '필수 용어'는 아이가 개념을 이야기할 때 반드시 입에서 나와야 하는 단어이며, '활동 및 유의점'은 개념확인을 하면서 간단하게 알려주면 좋은 내용이다.

학년	개념	필수 용어	활동 및 유의점
3	선분	두 점, 곧게	끝이 있는 선
	직선	양 쪽, 끝없이, 곧은	끝이 없는 선
	반직선	한 점 시작, 한 쪽 늘인, 곧은	반직선 이름 읽는 순서 유의
	각	한 점, 두 반직선	각의 크기 표시해 보기
	직각삼각형, 직사각형	직각	'변의 길이'와 상관 없음
	정사각형	네 각, 네 변	직사각형에 조건 추가
	몫, 나머지	30개를 6명에게 ○ 개씩 나눠줄 때, 30개를 ○ 명에게 6개씩 나눠줄 때	'문제 상황'을 주고 몫 찾기

학년	개념	필수 용어	활동 및 유의점
3	분수	전체를, 똑같이	바르게 읽기 ($\frac{★}{☆}$ =☆분의 ★)
	분모, 분자		'위치'로 설명
	소수	분모가 10인 분수 변형	$\frac{☆}{10}$=0.☆ (☆:한자리수) 인식
	원의 중심	원 위의 점에서, 같은 거리, 점	원에서 중심은 하나
	원의 반지름 / 지름	중심, 원 위의 한 점 / 원 위의 두 점, 중심을 지나도록	'반지름의 길이'를 '반지름'이라 하기도 함
	진분수, 가분수	분자와 분모의 크기	1과 크기 비교
	자연수	1, 2, 3…	자연수를 가분수로 바꿔보기
	대분수	자연수, 진분수	가분수는 대분수로 바꿀 수 있음
	1L, 1mL	들이	액체
	1km,1g	무게	양팔저울, 고체
4	1만, 1억, 1조	천,백,십 조/천,백,십 억/천,백,십 만/천,백,십,일	네 자리씩 끊어 읽기, 16자리 수 쓰고 읽어 보기
	예각 / 둔각	0°보다 크고 90°보다 작은 / 90°보다 크고 180°보다 작은	기준 90°
	삼각형 / 사각형의 내각의 크기의 합	180° / 360°	삼각형, 사각형에서 직접 각 잘라 붙여보기
	이등변삼각형 / 정삼각형	두 변 길이가 같은 / 세 변 길이가 같은	이등변삼각형 성질 (두 밑각이 같다) 정삼각형 성질(세각이 모두 모두 60°)

학년	개념	필수 용어	활동 및 유의점
4	수직, 수선	직각, 두 직선	두 직선의 관계
	평행, 평행선	만나지 않는, 두 직선	작도 방법: 한 직선에 수직인 두 직선
	평행선 사이의 거리	평행선 사이, 수선	작도 방법: 한 직선에서 나머지 직선에 수선 긋기
	사다리꼴	평행한 변, 한 쌍이라도, 사각형	사각형 포함관계 정리
	평행사변형	마주 보는 두 쌍, 각각 평행, 사각형	
	마름모	네 변 길이, 같은, 사각형	
	다각형	선분, 둘러싸인	'다각형'이지만 정의는 '각'과 무관. 원은 다각형이 아님. 한 군데라도 뚫리면 안됨
	정다각형	변, 각, 같은 다각형	변, 각 둘 다 만족해야함
	대각선	이웃하지 않는, 두 꼭짓점, 이은 선분	각 꼭지점 기준으로, 6각형에서 대각선 그려보기
	꺾은선 그래프	'연속적'으로 변화, 점, 선분, 이어 그린 그래프	변화하는 정도 한눈에 알아보기
5	약수, 배수	나누어 떨어지게 / 몇 번 곱한	약수: 1과 자기자신 포함, 배수: 자기자신 포함. 배수와 약수의 관계 확인
	공약수, 공배수	공통, 약수 / 공통, 배수	
	최대공약수, 최소공배수	가장 큰 / 가장 작은	구하는 법, 정의를 살펴보며 그렇게 구하는 이유 확인하기

학년	개념	필수 용어	활동 및 유의점
5	약분	분모 분자를 공약수로, 간단히	
	기약분수	분모 분자의 공약수가 1뿐	
	분수의 덧셈과 뺄셈	통분	통분 과정 그림으로 그려보기
	다각형의 둘레		직접 그려서 확인
	다각형의 넓이	넓이 공식 암기	넓이 공식 유도과정 (잘라 붙이는 과정) 반드시 확인. 단위 확인
	이상/ 이하	같거나 큰 / 같거나 작은	그 수 포함함
	초과/ 미만	큰 / 작은	그 수 포함 안함
	올림/버림	구하려는 수의 아래자리에서	
	반올림	4와 5를 기준	수직선에 나타내기
	면	선분으로 둘러싸인	
	모서리/ 꼭지점	면과 면 / 모서리와 모서리	
	직육면체	직사각형 6개, 둘러싸인	
	밑면/옆면	평행한 두면 / 밑면과 수직	밑면 정하기에 따라 옆면이 달라짐
	겨냥도	보이는 대로	실선과 점선 의미
	전개도	모서리를 잘라 펼친	점선: 잘리지 않은 모서리
	합동	완전히 겹침	쌍둥이 개념
	대응점, 대응변, 대응각	대칭축 따라, 포갤 때, 완전히 겹침	
	선대칭도형, 대칭축	대칭축 따라 접기	대칭축 여러 개 가능

학년	개념	필수 용어	활동 및 유의점
5	점대칭도형, 대칭의 중심	점 중심, 180° 돌리기	
	평균		대푯값 중 하나, 구하는 방법
6	분수÷자연수		'분수의 나누기 원리' 이해
	각기둥	그림으로 확인	그림에서 평행하고 합동인 두 면(밑면) 확인
	각뿔	그림으로 확인	밑면 하나, 옆면은 삼각형
	전개도		
	비	나눗셈으로 비교	기호(:)의 오른쪽의 수가 기준(기준량)
	비율	$(비율)= \dfrac{비교하는 양}{기준량}$	
	백분율	기준량이 100 일 때 비율	백분율 쓰는 이유(기준량 다른 자료와의 비교)
	띠그래프	전체에 대한 부분의 비율을 띠로	각 항목의 '비율' 확인에 좋은 그래프
	원그래프	전체에 대한 부분의 비율을 원으로	
	$1cm^2$, $1cm^3$	넓이, 부피의 단위	
	전항, 후항	기호(:) 앞쪽 항, 뒷쪽 항	3:2
	비례식	비율이 같은 두 비례식 표현	3:2 = 6:4
	외항, 내항	바깥쪽 항들, 안쪽 항들	
	비의 성질	'0 아닌' 같은 수 곱하거나 나누어도	
	비례식의 성질	외항의 곱 = 내항의 곱	비례식의 성질이 성립하는 이유 확인

학년	개념	필수 용어	활동 및 유의점
6	비례 배분	전체를 주어진 비로 나누기	비의 합으로 먼저 나누기
	원주	원의 둘레	
	원주율	'지름'에 대한 '원주' 비율. (원주)÷(지름)의 값	어떤 원이든 항상 원주는 지름의 약 3배
	원의 넓이	$(원주) \times \frac{1}{2} \times (반지름)$ $=(반지름) \times (반지름) \times (원주율)$	원의 반을 잘라서 펼쳐놓은 그림으로 이해
	원기둥	그림으로 확인	두 밑면이 합동, 평행
	원기둥의 밑면/ 옆면	합동이고 평행인 두면 / 두 밑면과 만나는 면	옆면은 밑면에 의해 결정됨(옆에 있는 면 아님)
	원뿔	그림으로 확인	
	원뿔의 밑면 / 옆면 / 모선	평평한 면 / 옆을 둘러싼 굽은 면 / 꼭지점과 둘레의 한 점 이은 선분	그림에서 확인
	구	그림으로 확인	어디서 보아도 같은 모양
	구의 중심	가장 안쪽에 있는 점	
	구의 반지름	중심과 겉면의 한 점 이은 선분	

넘볼 수 없는 입시의 차이를 만드는 수학 학습의 골든타임

초3~초5, 수학 격차 만드는 결정적 시기

초판 1쇄 발행 2023년 6월 1일

지은이 윤주형
펴낸이 민혜영
펴낸곳 (주)카시오페아 출판사
주소 서울시 마포구 월드컵북로 402, 906호(상암동 KGIT센터)
전화 02-303-5580 | **팩스** 02-2179-8768
홈페이지 www.cassiopeiabook.com | **전자우편** editor@cassiopeiabook.com
출판등록 2012년 12월 27일 제2014-000277호
책임편집 최희윤 | **편집1** 최희윤, 윤나라 | **편집2** 최형욱, 양다은, 최설란
마케팅 신혜진, 조효진, 이애주, 이서우 | **경영관리** 장은옥

ⓒ윤주형, 2023
ISBN 979-11-6827-118-0 03590

- 잘못된 책은 구입하신 곳에서 바꿔드립니다.
- 책값은 뒤표지에 있습니다.